U0946003

# 流域环境变化下玛纳斯河融雪洪水的水文效应及其防洪风险不确定性问题研究

陈伏龙　著

**图书在版编目(CIP)数据**

流域环境变化下玛纳斯河融雪洪水的水文效应及其防洪风险不确定性问题研究 / 陈伏龙著. — 天津 : 天津大学出版社, 2018.11

ISBN 978-7-5618-6299-5

Ⅰ. ①流… Ⅱ. ①陈… Ⅲ. ①玛纳斯河 - 融雪洪水 - 水文效益 - 研究②玛纳斯河 - 融雪洪水 - 防洪 - 研究 Ⅳ. ①P331.1②TV882.845

中国版本图书馆 CIP 数据核字(2018)第 257908 号

| | |
|---|---|
| **出版发行** | 天津大学出版社 |
| **地　　址** | 天津市卫津路 92 号天津大学内(邮编:300072) |
| **电　　话** | 发行部:022-27403647 |
| **网　　址** | www.tjupress.com.cn |
| **印　　刷** | 北京虎彩文化传播有限公司 |
| **经　　销** | 全国各地新华书店 |
| **开　　本** | 185mm × 260mm |
| **印　　张** | 8.25 |
| **字　　数** | 206 千 |
| **版　　次** | 2018 年 11 月第 1 版 |
| **印　　次** | 2018 年 11 月第 1 次 |
| **定　　价** | 39.00 元 |

---

# 前　言

气候变化和人类活动将加剧西北干旱区以冰雪融水为基础的水资源供给的不确定性，导致融雪洪水灾害发生的频度和强度增大；同时也会改变融雪洪水径流的时空分布，造成实测水文时间序列的非一致性。若将传统的洪水频率分析方法应用到水利工程水文设计中，极有可能会导致设计洪水计算的水利工程防洪风险和水资源利用的可靠性被严重低估或高估。因此，研究环境变化对融雪洪水径流过程、设计洪水及水库防洪风险不确定的影响，探索非一致性融雪洪水频率计算方法，定量评估环境变化对融雪洪水径流过程、设计洪水及水库防洪不确定性的影响是极其必要的。

本书以玛纳斯河肯斯瓦特水库控制流域为例，采用 Pettitt 检验法和 Mann-Kendall 检验法分析水文要素序列变异与趋势特征，根据气候变化特征和土地利用的不同时相遥感资料，并结合水文物理机制，分析导致水文要素序列发生变异的主要原因。在突变诊断的基础上，采用线性回归、Mann-Kendall 突变检验和累积距平等方法对融雪洪水径流量和其气候影响因子进行变化特征及突变分析，给出气候变化和人类活动对流域融雪洪水径流量的影响贡献程度。对融雪洪水特征序列进行非一致性检验，结合不同时相的遥感影像资料综合判断分析导致融雪洪水特征序列发生变异的主要原因。并采用相关分析方法对气候影响因子与融雪洪水特征序列进行相关分析，选择相关性最强的气候影响因子序列作为融雪洪水特征序列的影响因子。

采用基于 GAMLSS 理论的一致性模型和分别以时间、气候因子为协变量的 GAMLSS 非一致性模型对融雪洪水特征序列进行比较分析。分析其是否满足一致性假设以及融雪洪水特征序列随着时间推移的变化趋势和在环境变化影响下的动态变化过程。并采用混合分布模型和条件概率分布模型对非一致性融雪洪水特征序列进行分析，选出最优分布模型，将最优分布模型的设计洪水成果与 2008 年审定的成果及不考虑变异的原序列 P-Ⅲ分布拟合成果进行对比分析。

利用“分解-合成”理论对融雪洪水特征序列进行一致性修正，采用 Bayes 理论和 Gibbs-MCMC 算法对实测、还原及还现融雪洪水特征序列的 P-Ⅲ型分布参数的不确定性进行估计，并对其预报区间的优良性进行评价。将融雪洪水特征序列一致性修正后两种条件下的设计洪水作为入库融雪洪水，进行水库调洪演算，采用频率分析法对这两种条件下的水库极限防洪风险率进行复核分析。并基于直角梯形模糊数构建水库漫坝模糊风险分析数学模型，对过去、现状两种条件下的水库漫坝模糊风险指标区间进行识别，对不同截集水平 $\alpha$ 所对应的模糊风险率区间和绝对误差范围下限、上限值进行估计。其研究成果可为变化环境下流域设计洪水修订、区域防洪规划管理以及洪水资源安全利用提供技术支撑和科学指导依据。

本书的研究工作得到了国家自然科学基金地区项目“流域环境变化下玛纳斯河融雪洪水的水文效应及其防洪风险不确定性问题研究”(51769029)、国家重点研发计划重点专项项目“西北内陆区水资源安全保障技术集成与应用”之课题“西北内陆区水资源安全状况与风险评估”“西北内陆区保水节水技术集成与应用”(2017YFC0404301、2017YFC0404304)、新疆联合基金重点项目“干旱区膜下滴灌农田生态系统水盐与养分运移及环境效应”(U180320005)、国家自然科学基金地区项目“玛纳斯河流域下垫面变化对洪水径流影响问题的研究”(51069011)的资助，特向支持和关心作者研究工作的单位及个人表示衷心的感谢。书中有部分内容参考了有关单位和个人的研究成果，均已在参考文献中列出，在此一并致谢。

由于环境变化下流域产汇流机理复杂，涉及多个学科，研究难度大，再加上时间仓促，作者研究水平和能力有限，书中不妥之处，恳请广大读者和专家赐教。

陈伏龙

2018 年 7 月于石河子大学

# 目　录


**第 1 章　绪论** ………………………………………………………………（1）

1.1　研究目的与意义 ……………………………………………………（1）

1.2　研究区概况与水文特征 ……………………………………………（2）

1.3　国内外研究进展 ……………………………………………………（6）

1.4　主要研究内容与技术路线 …………………………………………（10）

**第 2 章　区域环境变化及融雪洪水特性分析** ……………………………（13）

2.1　环境变化特征分析 …………………………………………………（13）

2.2　水文要素序列变异诊断分析 ………………………………………（20）

2.3　水文要素序列变异成因分析 ………………………………………（25）

2.4　融雪洪水特性分析 …………………………………………………（25）

2.5　本章小结 ……………………………………………………………（28）

**第 3 章　环境变化下融雪洪水非一致性及影响因素分析** …………………（30）

3.1　融雪洪水特征序列非一致性分析 …………………………………（30）

3.2　融雪洪水特征序列协变量非一致性分析 …………………………（34）

3.3　本章小结 ……………………………………………………………（40）

**第 4 章　环境变化对非一致性融雪洪水径流过程影响程度分析** …………（41）

4.1　研究方法 ……………………………………………………………（41）

4.2　气候影响因子分析 …………………………………………………（42）

4.3　环境变化对融雪洪水径流量变化的贡献率 ………………………（45）

4.4　本章小结 ……………………………………………………………（48）

**第 5 章　基于 GAMLSS 模型的非一致性融雪洪水分析** ……………………（49）

5.1　GAMLSS 模型 ………………………………………………………（49）

5.2　基于 GAMLSS 模型的融雪洪水分析 ………………………………（52）

5.3　本章小结 ……………………………………………………………（70）

**第 6 章　基于混合分布模型的非一致性融雪洪水分析** ……………………（71）

6.1　混合分布模型 ………………………………………………………（71）

6.2　基于混合分布模型的融雪洪水分析 ………………………………（75）

6.3　融雪洪水特征序列的设计洪水过程线比较 ………………………（82）

6.4　本章小结 ……………………………………………………………（83）

**第 7 章　环境变化对水库防洪风险不确定性影响分析** ……………………（86）

7.1　融雪洪水特征序列设计洪水计算分析 ……………………………（86）

7.2　融雪洪水特征序列非一致性对参数估计不确定性影响 …………（89）

7.3　水库极限防洪风险复核分析 ………………………………………（99）

7.4　水库漫坝模糊风险分析 ……………………………………………（107）

7.5　本章小结 …………………………………………………………………… (110)
**第8章　结论与展望** ………………………………………………………… (111)
8.1　结论 …………………………………………………………………………… (111)
8.2　展望 …………………………………………………………………………… (113)
**参考文献** ………………………………………………………………………… (115)

# 第1章　绪论

## 1.1　研究目的与意义

干旱区在世界上分布广泛,而且集中了大部分贫困人口,是全球环境变化与可持续发展研究中的重点区域之一。由于水资源缺乏,生态环境脆弱,干旱区水资源开发利用一直为世人所关注。干旱区水资源匮乏,水资源开发利用是其主要问题,但这些地区内陆河流域水循环系统具有独特性,水循环各环节受陆表和气候影响显著:地形起伏和热量分布的巨大差异,导致了水循环过程在很小尺度上就可能产生时空分布的巨大差异;土地覆被和地下水埋深变化,使蒸散发的分布差异很大,土壤水调控作用十分明显;拦蓄、引水等人类活动,使内陆河流域自然水循环过程发生了巨大变化;水循环受气候变化影响强烈,水系统很不稳定。加之降雨的年内分布过度集中,环境变化更使干旱区的防洪和水资源利用充满了不确定性。

我国西北干旱区地处中纬度地带,是全球气候变化下的最敏感地区。新疆玛纳斯河流域属于西部典型的干旱半干旱内陆河流域,干旱的自然环境背景使区域生态环境极为脆弱,人类大规模水资源开发利用活动改变了流域水循环自然变化的时空格局和过程,造成了下游水量减少、河道缩短、尾闾湖泊干涸,改变了流域水文系统的整体性。进入21世纪以来,玛纳斯河流域内的气象、水文要素以及人类活动,对流域水资源的影响引起社会更加广泛的关注。近年来,受气候变化和人类活动的影响,流域原有降水产汇流过程发生改变,使融雪洪水过程产生变化,增大了玛纳斯河防洪和水资源利用的不确定性。随着时间的增长和环境的变化,水文序列会发生显著变化,若采用非一致的水文序列对玛纳斯河防洪进行规划和复核,将会给玛纳斯河防洪安全及水资源利用带来很大的风险。气候变化和人类活动会改变融雪洪水径流的时空分布,造成水文序列的非一致性,极有可能导致按设计洪水计算的水利工程防洪风险和水资源利用的可靠性被严重低估或高估。它的存在可使下游重要城市、主要交通干线和人民群众的生命财产安全及区域的供水安全得不到有效的保护。

气候变化和人类活动将加剧西北干旱区水资源供给的不确定性,导致极端水文事件和洪旱灾害增加。玛纳斯河在气候变化和人类活动的综合影响下,以冰雪融水为基础的水资源系统非常脆弱,温度升高会引起冰雪融水径流的季节性变化,导致水资源的异变,使得区域水循环系统的稳定性和水资源的可再生性降低,不确定性加大,并导致极端气候及水文事件发生的频度和强度增大。如2006年新疆北部洪灾不断,南部严重干旱;2008年西北地区降水异常偏少,出现近30年来最严重的干旱;2009—2010年冬季新疆北部出现了近50年少有的暴雪天气,引起大面积雪灾、雪崩和灾害性融雪洪水。历史上玛纳斯河流域洪旱灾害屡有发生,如1906、1923、1931、1940、1985、1996、1999年都发生了不同规模的洪水灾害。随着环境发生变化,水利工程原有的设计洪水存在很大的不确定性,水利工程的防洪能力、防洪应对措施以及水利工程本身的安全性也都存在一定的不确定性。气候变化及人类活动引发的极端水文事件加剧了对区域水资源供给系统的影响,加大了绿洲农业生产的不稳定性,增加了重大工程安全运行的风险,影响了河川径流过程,破坏了水文序列的"一致性"。研究表明,气候变化将会进一步加剧西北干旱区水资源的紧缺形势和不稳定性。因此,开展环境变化下的融雪洪水过程演变规律研究,建立"非一致性"水文序列下融雪洪水计算的理论和方法,减轻玛纳斯河保护地区的洪水淹没损失,确定环境变化对玛纳斯河防洪不确定性的影响,是确保水利工程防洪度汛安全、制订防洪调度方案的迫切需要,也是干旱缺水地区合理利用洪水资源的理论基础和方法支撑。探讨水文过程的不确定性因素,对由此造成的融雪洪水计算影响进行分析,评估水利工程运行管理过程中的不确定性,从而为已建水利工程的防洪复核、未建水利工程的防洪规划、改善玛纳斯河防洪管理及洪水资源利用提供科学指导依据,推动水文计算理论的发展,同时也可以促进新疆的民族和谐与社会稳定。

## 1.2 研究区概况与水文特征

### 1.2.1 流域概况

玛纳斯河流域(图 1.1)位于新疆天山北坡经济带的重要区域,地处天山北麓中段准噶尔盆地南缘。南起依连哈比尔尕山北麓分水岭,与南疆巴音郭楞蒙古自治州的和静县相邻,北接古尔班通古特大沙漠,与和布克赛尔县、福海县分界,东起塔西河,依次为玛纳斯河、宁家河、金沟河、大南沟河,西至巴音沟河,这六条水系总称为玛纳斯河流域。这六条较大的内陆河流历史上都曾注入玛纳斯湖,玛纳斯湖是天山北麓仅次于艾比湖的一个大湖。玛纳斯河是天山北麓径流量最大的一条内陆河流,发源于天山北麓依连哈比尔尕山山脉,地理位置东经 85°01′~86°32′,北纬 43°27′~45°21′,全长约 400 km,流域面积 $1.980\ 6\times10^4$ $km^2$,其中山区面积 $0.515\ 6\times10^4$ $km^2$,平原面积 $1.465\times10^4$ $km^2$。流域内地势由东南向西北倾斜,河流由南向北依次流经中高山区、冲洪积扇区和山前倾斜平原区,最后流归尾闾玛纳斯湖。

玛纳斯河(图 1.2)发源于天山北坡的依连哈比尔尕山,流域内地势由东南向西北倾斜,最高海拔 5 442.5 m,最低海拔 256 m,流向由南向北,是准噶尔盆地南缘最大的一条融雪型山溪河流,干流全长 324 km(河源至小拐),河流从源头到出山口一带的长度为 160 km。河源海拔 5 000~5 500 m,海拔 3 600 m 以上为终年积雪覆盖,有现代冰川分布,冰川面积 608.25 $km^2$,是各条河流的主要补给源。雪线以下海拔 1 500~3 600 m,多低山、丘陵,植被较好,降水丰沛,为径流形成区。海拔 1 500 m 以下至红山嘴水文站,是径流运转区,两岸岩石裸露,植被较差,沿河谷阶地发育,河谷深切达 70~100 m,洪水期挟带泥沙较多。前山带 1 000 m 以下平均坡度为 1%。

玛纳斯河在中山和前山区汇合了众多支流,流向东北,沿程有花牛沟、韭菜萨依、吉兰德、回回沟、希喀特萨依、哈熊沟、芦草沟、大(小)白杨沟、清水河等支流,均在肯斯瓦特水文站以上汇入干流出峡谷,至前山红山嘴水文站流出山区进入山前平原,流入冲积扇(径流散失区),海拔也随之降低到 500 m 左右。在河长 160 km 的河段,其高差可达 4 000 m 以上,

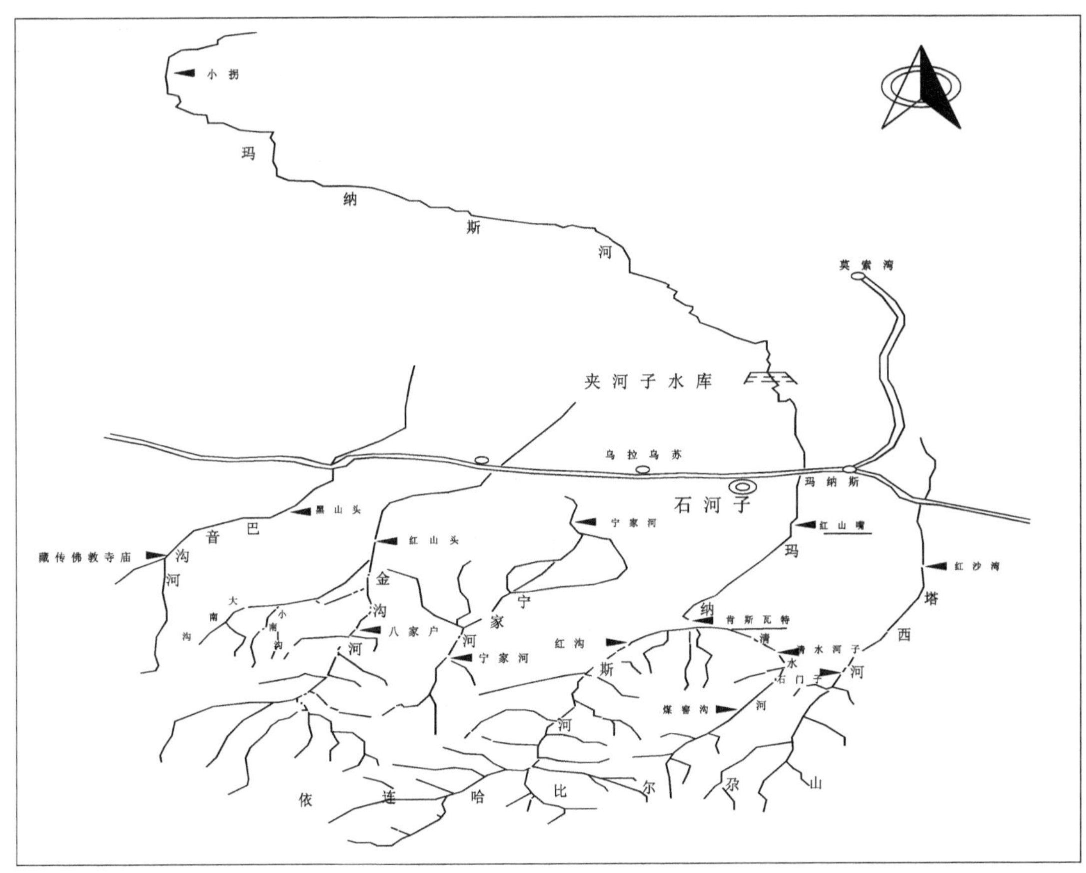


**图 1.1　玛纳斯河流域水系及水文站分布**

山地垂直带十分明显。随着海拔高度的不同,各垂直地带的气象观测值也有较大的变化。由于垂直气候带的作用,该流域的降水分布也极不均匀,其中中高山区年降水量可达 400 ~ 600 mm,低山区年降水量 340 ~ 420 mm,而在平原区则降至 110 ~ 200 mm,主要集中在 6—8 月份,占全年降水量的 68% 。自然景观带对其径流的影响也各不相同。径流补给具有显著的垂直地带性,冰雪融水对河流的补给可以占到径流量的 35. 3% ,地下水补给量占 45% 左右。红山嘴断面以上的山区集水面积 5 156 $km^2$,多年平均年径流量 13. 16 亿 $m^3$。肯斯瓦特断面以上的集水面积 4 637 $km^2$,多年平均年径流量 12. 21 亿 $m^3$。河流出红山嘴后,地势变缓、泥沙大量堆积,形成坡降平缓的洪积冲积平原区,是玛纳斯河绿洲所在地;流域北部与古尔班通古特沙漠接壤。

### 1. 2. 2　水文特征

1. 气象

玛纳斯河流域远离海洋,气候干燥,既有中温带大陆性干旱气候特征,又有垂直气候特征,属于典型的大陆性干旱气候区,天气过程主要受强大的蒙古高压和西风气流控制,其特点是:四季气温相差悬殊,干燥少雨;冬冷夏热,冬夏季长而春秋季短;光照充足,热量丰富,

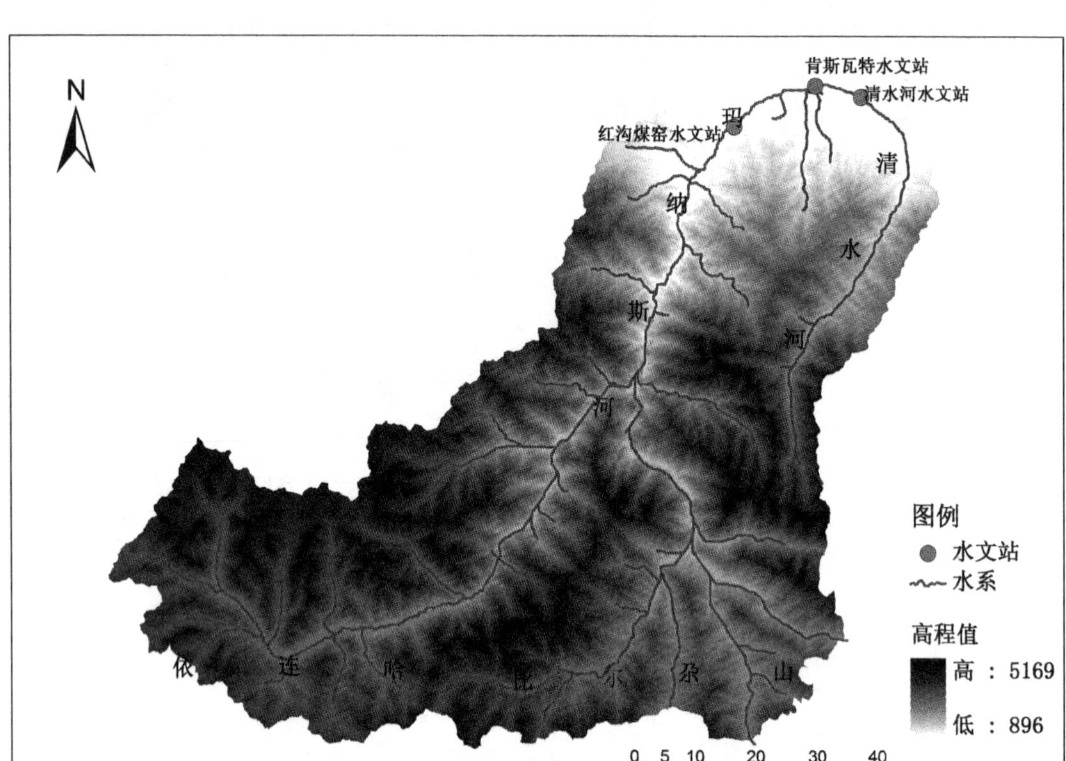


**图 1.2 玛纳斯河肯斯瓦特控制流域水系及水文站分布**

蒸发量大,气温年温差和日温差都很大,且春季升温快、秋季降温迅速等。肯斯瓦特水文站多年平均气温为5.9 ℃,1月份平均气温 -13.8 ℃,多年平均降水量338.2 mm,多年平均蒸发量1 550.6 mm,无霜期170天左右。

2. 径流

玛纳斯河径流年际变化平缓,年内分配集中,冬季为枯水期,径流量稳定,多年平均年径流量为12.21亿 $m^3$,多年平均流量为38.70 $m^3/s$ 。

3. 泥沙

玛纳斯河属于一条多沙河流,泥沙来源于降雨融雪汇流对流域面的侵蚀和水流对河道的冲刷。多年平均悬移质输沙量333.6万t,多年平均推移质输沙量为66.7万t。河道进入平原阶地后输沙量逐渐增多,年内降水量较多和径流量较大时,相应的输沙量也大,春季融雪期和特大暴雨时,含沙量最大。

4. 冰情及水温

流域地处高纬度,靠近西西伯利亚,冬季受蒙古—西伯利亚冷高压控制,严寒干冷气候长达5个月,冰情垂直地带性明显。一般在10月下旬至11月下旬肯斯瓦特断面开始结冰,在3月底至4月上、中旬冰雪全部融化。全年封冻天数为50~80天,河心最大冰厚为0.5~1.0 m。历年最高水温出现在5—8月份,实测最高水温为17.0 ℃,冬季水温一般为0 ℃。

### 1.2.3　肯斯瓦特水库概况

肯斯瓦特水利枢纽工程位于昌吉州玛纳斯县和塔城地区沙湾县界河——玛纳斯河中游的肯斯瓦特河段，地理位置东经 85°57′，北纬 43°58′；枢纽区东距乌鲁木齐市约 192 km（公路里程），北距玛纳斯县城及玛纳斯火电厂约 60 km，距石河子市约 70 km；天山公路贯穿枢纽区，坝址与 312 国道、北疆铁路均有四级公路相连。

肯斯瓦特水利枢纽工程具有防洪、灌溉、发电等综合利用功能。该枢纽工程由拦河坝、右岸溢洪道、泄洪洞、发电引水系统组成。水库正常蓄水位 990 m，最大坝高 129.4 m，总库容 1.88 亿 $m^3$，控制灌溉面积 316.30 万亩，电站装机容量 100 MW，设计年发电量 2.723 亿 kW·h，属于大(2)型Ⅱ等工程。水库设计洪水标准为 500 年一遇，相应的洪峰流量为 2 382 $m^3/s$；校核洪水标准为 5 000 年一遇，相应的洪峰流量为 3 601 $m^3/s$；下游防洪保护标准为 50 年一遇，相应的洪峰流量为 1 249 $m^3/s$。肯斯瓦特水库主要技术指标见表 1.1。

**表 1.1　肯斯瓦特水库主要技术指标**

| 项目 | | 指标 | 项目 | | 指标 |
|---|---|---|---|---|---|
| 建设地点 | | 肯斯瓦特河段 | 水库特性 | 校核洪水位 | 993.35 m |
| 所在河流 | | 玛纳斯河 | | 设计洪水位 | 992.66 m |
| 控制面积 | | 4 637 $km^2$ | | 正常蓄水位 | 990 m |
| 标准 | 设计 | 500 年 | | 防洪高水位 | 992.66 m |
| | 校核 | 5 000 年 | | 汛期限制水位 | 984 m |
| | 设计洪水 | 2 382 $m^3/s$ | | 死水位 | 955 m |
| | 校核洪水 | 3 601 $m^3/s$ | | 总库容 | 1.88 亿 $m^3$ |
| 主坝 | 坝型 | 混凝土面板坝 | | 防洪库容 | 0.356 亿 $m^3$ |
| | 地基特性 | 泥质粉砂岩 | | 调节库容 | 1.12 亿 $m^3$ |
| | 地震设防烈度 | 9 度 | | 死库容 | 0.62 亿 $m^3$ |
| | 坝顶高程 | 996.6 m | | 校核洪水位时最大泄量 | 2 596 $m^3/s$ |
| | 防浪墙顶高程 | 997.8 m | | 设计洪水位时最大泄量 | 2 382 $m^3/s$ |
| | 最大坝高 | 129.4 m | 下游情况 | 下游防洪保护标准 | 50 年 |
| | 坝顶长度 | 475 m | | 河道安全泄量 | 500 $m^3/s$ |

### 1.2.4　洪灾情况

玛纳斯河是一条洪水灾害频发的河流，每年均发生大小程度不同的洪水，主要集中在汛期的 7、8 月份。融雪洪水特征主要表现为峰高量大、水量集中、峰型多变以及持续时间长，暴雨融雪混合型洪水破坏性最强。根据玛纳斯河历史洪水相关资料记载和调查考证，玛纳斯河上游山区无控制性水利工程，下游堤防工程设计标准相对较低，造成融雪洪水灾害频繁发生。其主要历史洪灾情况如下。

1957 年 7 月 7 日，玛纳斯河融雪洪水洪峰流量为 420 ~ 466 $m^3/s$，西岸大渠决口 3 处，东风公社受淹历时 24 小时，受灾面积 5 539.7 亩，冲毁渠道 6 条，房屋倒塌数间。1966 年 7 月 28 日，肯斯瓦特水文站实测洪峰流量为 773 $m^3/s$，对石河子市造成超过 100 万元的直接经济损失。1980 年 7 月 27 日，玛纳斯河出现流量为 649 $m^3/s$ 的融雪洪水，冲毁河岸，石河子市东半部部分农田被淹。1984 年发生一场罕见的春洪，融雪洪水从东、西、中三路汇流到石河子至乌拉乌苏地段，312 国道被淹没，阻塞交通半个多月，农田和水利设施被冲毁。1987 年和 1988 年连续两年发生融雪洪水，夹河子水库告急，每天被迫下泄水量 1 100 万 $m^3$，冲毁部分跨河工程，使石莫公路交通中断，并严重威胁克乌输油管线的安全，损失达 600 多万元。1994 年发生特大融雪洪水，两岸防洪堤加固加高耗费防洪资金 200 多万元；此次融雪洪水导致玛纳斯河公路大桥桥墩下沉、桥面断裂，车辆被迫停止通行 1 个月，对沿路经济造成了巨大损失。1996 年 7 月发生特大融雪洪水，肯斯瓦特水文站实测洪峰流量为 735 $m^3/s$，北疆铁路玛纳斯河大桥西段冲毁 10 余 m，致使铁路中断；西岸防洪堤多处冲毁，西调渠破坏严重，直接威胁到大泉沟引洪渠首的安全；此次融雪洪水造成石河子市及垦区直接经济损失 2.5 亿多元，石河子市石河子乡沿河村庄防洪工程和水利设施严重受损，受灾人口达 1.5 万人。

玛纳斯河于 1999 年 7 月 20 日、8 月 2 日发生两次大洪水，洪峰流量分别为 1 070 $m^3/s$ 和 1 095 $m^3/s$，7 日洪量达 2.496 亿 $m^3$。红山嘴至夹河子水库段堤防多处被毁，欧亚通信光缆中断，石河子机场被淹，夹河子水库水位距坝顶仅 0.11 m，夹河子水库长时间超量泄洪，致使下游呼克公路交通中断、石油管线冲断、农田村庄多处被毁，紧急状态持续 20 多天。1999 年 7 月 20 日—8 月 20 日期间，与玛纳斯河相邻的金沟河、巴音沟河同时发生特大洪水，其中金沟河的洪沟水库、海子湾水库相继扒坝泄洪，巴音沟河的安集海二库也扒坝泄洪，下泄洪水在玛纳斯河下游老沙湾及 121 团一带进入玛纳斯河，造成巨大损失。据 1999 年灾后调查统计，洪灾造成直接经济损失 12.02 亿元，其中兵团八师受灾人口达 8 119 人，倒塌房屋 614 间；农作物受灾面积 32 万亩，成灾面积 17.7 万亩，绝收面积 4.12 万亩；水产养殖受灾面积 1.2 万亩，损失水产品 630 t；公路中断 37 条次，毁坏路基 65.06 km，损坏输电线路 27.15 km，损坏通信线路 26.78 km；损坏大型水库 1 座、小型水库 1 座，损坏堤防 55 处共计 17.11 km，损坏水闸 6 处，损坏灌溉设备 304 处、机电井 156 眼。

玛纳斯河防洪保护区涉及八师石河子市、八师 14 个农牧团场、昌吉州玛纳斯县、塔城地区沙湾县、六师新湖总场及克拉玛依小拐乡，保护区内总人口 124.87 万人，总耕地面积 486.025 万亩。沿玛纳斯河两岸有梯级电站、河谷水源地工程、东岸大渠、玛纳斯县火电厂、石河子开发区和石河子机场等许多重要的防护对象。近年来，玛纳斯河遭遇连续丰水年，洪峰流量有增大趋势，河床泥沙淤积抬升、主流游荡，洪水灾害频繁发生，对河道两岸的防护对象造成很大的危害和威胁。

## 1.3　国内外研究进展

### 1.3.1　气候变化对洪水的影响研究

全球气候变化是引起气候要素异常变化的主要原因。联合国政府间气候变化专门委员会(Intergovernmental Panel on Climate Change, IPCC)[1]研究表明气候变化引起了形成水资源的关键气象和水文要素的变化,如温度、降水、辐射、积雪和冰川消融等。大尺度海洋气候系统是气候变化的主要原因,影响范围遍及全球大部分地区,这些气候系统往往包括厄尔尼诺现象(ENSO)、太平洋年代际振荡现象(PDO)、北太平洋涛动现象(NPO)、北大西洋涛动现象(NAO)、北极涛动现象(AO)等[2]。这些气候现象一般通过海表温度变化或者海平面平均气压变化来影响海陆之间的水汽循环,进而影响气温、降水等水文事件,并导致极端降雨或者极端干旱等自然灾害现象的发生[3-4]。Olsen 等[5]通过长期的观测验证了全球气候系统(如厄尔尼诺现象、太平洋年代际振荡现象等)对洪水的非一致性有显著影响,并建议重新考虑洪水频率分析的范例。Hamlet 和 Lettenmaier[6]通过评估发现年际气候变化和气候变暖趋势对洪水风险有强烈的影响作用。而 Kiem 等[7]通过遥相关检验发现洪水风险的变化与观测到的气候异常现象有比较强的相关性。Franks 和 Kuczera[8]认为如果不考虑大尺度气候变化的影响,传统的频率分析方法至多能评估长期或者无条件限制的洪水风险,而评估短期或者瞬时的洪水风险则需要更进一步研究气候变化影响的物理机制以及运用更合适的数学统计模型。在全球气候变化大背景下,我国西北地区也存在明显变暖变湿、极端最高与最低温度升高、强降水事件增多等趋势[9]。内陆河流域极端洪水形成的气象因子不仅有暴雨,还有急剧升温,因而洪水有暴雨型、急剧升温造成的融雪型、两者并发的综合型、高山冰碛湖垮坝型[10]。呈现未来极端降水事件强度增大、重现期缩短[11]等特点。山区降水与积雪融水是干旱区内陆河流域的主要水源[12]。在季节性降雪和融雪的流域,温度变化对流域融雪径流水资源的影响远比降水变化来的大[13]。温度影响降水形式和积雪融化速率,导致积雪在春季提前融化,从而减弱积雪作为蓄水的功能和年内径流分配[13]。受全球气候变化的影响,西北干旱区出现较大幅度的异常温度变化和降水过程变化[14]。气候变化正影响着水资源系统的结构与功能发生变化[15]。在升温的背景下,20 世纪 80 年代中后期以来西北地区尤其是新疆出山口径流和天山地区大部分冰川补给河流径流量增加,湖泊水位明显升高,湖泊面积不断扩大[16]。研究表明,未来降水增长引起的地表水资源的增加不足以抵消气温升高带来的影响[17]。定量的界定气候变化和人类活动对河川径流乃至整个水资源的影响已成为气候变化影响研究领域中的科学难题[16]。

### 1.3.2 人类活动对洪水的影响研究

人类活动已经成为影响水循环过程的主要因素之一。20 世纪,我国的土地利用和覆盖情况发生的巨大变化,对我国水资源产生重要影响,使得蒸发量减少、产流量增加[18]。随着水利建设、工业化、城市化等经济社会活动的快速推进,天然状态下的水循环过程发生了显著改变,流域水文要素的“一致性”遭到破坏,在时间和空间上引起水文循环要素质和量的变化[19]。Qu 等[20]发现,1976—2005 年,因茶园的连续扩张等下垫面变化导致淮河上游支流森林面积减少,相应径流减少 25%。王子璐[21]通过对朱庄水库 20 世纪 70 年代以前和 80 年代以后降雨径流关系比较,发现随着降雨量的增大,下垫面变化对径流的影响程度越大。经济社会的发展及人类活动影响的加剧,在很大程度上改变了土地利用/覆被情况,而土地利用/覆被变化等流域下垫面条件的改变,使得产汇流机制发生变化,进而导致洪水系列产生非一致性。因此,针对土地利用/覆被在近几十年间的变化对洪水成因及洪水量级变化影响的研究越来越多[22-24]。万荣荣等[25]利用HEC-HMS模型模拟5种土地利用情景下的2次典型洪水过程，得出城市化会严重加剧流域暴雨洪水，而森林有利于缓和流域暴雨洪水过程的结论。舒晓娟等[26]利用Wetspa模型模拟8种土地利用情景下的2次典型洪水过程，认为林类能削减洪峰和洪量，土地利用变化对小洪水的影响大于大洪水。随着计算机科学、地理信息系统与遥感技术的发展，研究下垫面与流域产汇流关系更多的是采用流域水文模型的方法[27]。该方法不仅可以考虑流域的综合因素对水文过程的影响，而且还能通过控制某些参数，找出控制和影响洪水过程的下垫面变化因素[28]。Jothityangkoon等[29]在研究泰国北部Ping河上游的Bhumipol大坝控制流域时发现，植被和土壤流失、地表坡度缓和、城市化以及河网管道的建设等人类活动行为导致了洪水频率和量级的增大。Poff等[30]通过研究不同类型和比例的土地利用/覆被（如城市化土地、农业用地、未利用土地等）如何改变一个水文区域内的天然径流变化，指出相同比例的城市化土地相比于农业用地会引起更大的水文效应。Wang和Hejazi[31]通过评估整个美国地区气候变化和人类活动行为对多年平均径流量的影响，发现气候变化会引起多年平均径流量的增加，而直接的人类活动如农业用地扩张、灌溉量变化以及水库建设导致了多年平均径流量在空间上的非一致性。Brath等[23]通过研究意大利Samoggia流域在1955、1980、1992年的土地利用变化，指出由于土地利用变化引起洪水成因机制改变的敏感性随着洪峰增大而降低，并通过计算重现期为10~200年的洪峰发现人类活动对洪水峰值的影响不可忽视。

### 1.3.3　水文序列的非一致性研究

水文序列的不确定性使得水文频率分析中“一致性”假设受到挑战，传统频率计算方法获得的成果将会给水利工程带来风险。非一致性洪水频率分析为变化环境下水文设计提供了一种新思路。目前的研究主要集中在以下两个方面：一是基于还原/还现途径；二是基于非平稳极值系列的直接水文频率分析途径。

非一致性洪水频率分析首先需要对水文序列进行趋势性和突变性变异检验。趋势性变异检验主要采用线性回归等方法[32]对水文、气象长序列资料进行统计分析。突变性变异检验主要包括Mann-Kendall法[33-34]、贝叶斯变点分析模型[35-36]、R/S分析方法[37-38]、两阶段线性回归[39]、Pettitt检验[40]。基于还原/还现途径的频率计算是目前国内较为常用的方法，也是研究的集中点。基于还原/还现途径的方法主要有3种：相关分析法、分解与合成法以及水文模型法。陆中央[41]通过建立横山岭以上流域不同年代的年降雨量和年净流量相关图，实现了水库年径流系列向现状条件的修正。谢平等[42]应用分解与合成方法对潮白河的年径流系列进行了研究，采用时间系列的分解和合成方法，得到潮白河过去、现在和未来年径流的频率分布，分析了北京市的水资源安全问题。胡义明等[43]以金沙江流域某站点洪峰流量资料为例，采用滑动秩和检验法及有序聚类分析法分析了洪峰系列的跳跃性，并进行了系列的一致性修正及水文频率分析。王国庆等[44]以黄河中游三川河流域为例，采用流域水文模型模拟了20世纪70年代后的天然径流过程，定量评估了气候变化、人类活动对流域径流的影响。

基于非平稳极值系列直接进行洪水频率分析的方法在国内外的研究应用较多，主要包括：①混合分布法；②条件概率分布法；③时变矩法。其中，基于混合分布的非一致性洪水频率分析法最早是由 Singh 和 Sinclair[45]，Waylen 和 Woo[46]等提出并应用的，主要思想是认为极值系列中的个体并非来自同一总体，即由不同水文过程形成的系列，不服从同一分布，因而假设该极值序列由若干个子分布混合而成。Zeng 等[47]以大清河流域西大洋水库的入库洪水序列为例，采用混合分布模型进行非一致性频率分析，结果表明由两个 P-Ⅲ分布组成的混合分布拟合效果比传统 P-Ⅲ分布更好。基于条件概率分布的非一致性洪水频率分析法是根据洪水成因机制的差异性将年内洪水划分成若干个时段，分析不同时段内的年最大值的发生概率，并推导得到极值系列的概率密度函数[48]。李新等[49]应用条件概率分布法，直接对大清河水系王快水库的入库洪水系列进行频率分析，认为入库洪水序列发生变异且呈现出减小的趋势。基于时变矩的非一致性洪水频率分析法能够考虑分布函数的参数随时间或其他因子变化的情况。时变矩模型不同于混合分布模型和条件概率分布模型，它更多从洪水序列服从的概率分布角度出发，认为气候和下垫面的变化导致了洪水序列形成的物理过程和成因机制发生变化，其所服从的分布参数不再是常数，而是以时间为协变量的函数。由此可以加入考虑气候变化和水利水保工程因子构建非一致性模型，定量评估气候变化和下垫面变化对非一致性水文极值序列的影响。国外的学者对此做了比较多的研究，Cunderlik 和 Burn[50]，Vasiliades 等[51]应用基于广义极值分布（GEV）的时变矩模型进行非一致性频率分析，通过假设 GEV 分布参数是时间或其他因子的函数，对时变矩模型进行优化拟合检验，来验证水文序列非一致性是否显著。Villarini 等[52]，Serinaldi 和 Kilsby[53]，López 和 Francés[54]等学者建立了引入位置、尺度、形状的广义可加模型（GAMLSS），对降雨径流资料或洪水资料进行非一致性洪水频率分析，认为考虑加入了时间参数或其他参数的 GAMLSS 模型更适合用于不同气候条件和其他影响因素下的风险分析（如不确定性分析、敏感性分析）。由于该模型的操作方便可行，可任意选择分布线型以及协变量等优点，国内的水文学者也应用了该模型进行了众多研究[55-56]。

### 1.3.4　防洪不确定性风险分析研究

流域防洪所涉及的不确定性因素，包括洪水频率分布及年内洪水的时间分布、可能最大洪水、降水-径流关系、降水系列频率分布、降水时空分布、年降水量系列频率分布等。这些不确定性因素的确定依赖于水文频率分析。在全球气候变化背景下，极端降水事件出现的概率增加，导致洪、旱等极值水文事件增加，原有洪水、枯水频率曲线将发生变化，人类活动将会加剧和放大这一风险[57-58]。目前，水文频率分析存在以下两个问题：一是水文序列样本过少，代表性不足；二是在线型选择、参数估计方法选择等方面存在复杂的多判据问题。因此，设计洪水计算方法及其结果存在多维不确定性。

在水文序列的代表性方面，Stedinger 和 Taylor[59]研究了随机年径流模型参数的不确定性，并发现即使流量资料长达 50 年，参数不确定性的影响仍相当显著。Futter 和 Mawdllsey[60]就短期洪水风险预报问题，从模型假设、数据输入及精确水平等方面对 Cox 回归模型和条件分布模型进行了对比分析研究。在参数估计和线型选择不确定性方面，Wood 等[61]最早采用贝叶斯理论分析了水文统计模型参数估计的不确定性及其对设计洪水的影响。梁忠民等[62]和桑艳芳等[63]基于贝叶斯理论定量描述分布参数的不确定性，并实现对水文设计结果不确定性和风险性的定量描述和估计。为了对 P-Ⅲ型分布参数进行不确定性估计,提高水文分析计算的可靠性,尚晓三等[64]采用 AM-MCMC 算法来求解贝叶斯公式,依据 AM 算法的特性,无须在抽样前确定待估参数的先验分布。鲁帆等[65]将水文频率分布线型的未知参数看作随机变量,通过基于 M-H 抽样算法的贝叶斯 MCMC 方法估计广义极值(GEV)分布参数和设计洪水的后验分布,并据此进行极值洪水的频率分析。在基于风险的防洪标准设计研究方面,姜树海[66]采用事故树分析方法,讨论了漫坝失事的形成原因,给出了相应的风险率,并校核了现有大坝的总体设防水准。洪云等[67]提出了基于实测资料的大坝群风险分析方法,为实现安全风险提供了量化依据。闫宝伟等[68]应用 Copula 函数年最大洪水发生时间及发生时间与其量级之间的联合分布,研究了最大洪水发生时间及发生量级遭遇的风险特征,并绘出了两江同频率洪水的日遭遇风险图和非同频率洪水在遭遇时间两个峰值点的风险图。刘艳丽等[69]以碧流河水库调度实际情况为例,采用基于拉丁超立方体抽样的 Monte Carlo 随机模拟法,对水库防洪风险的不确定性进行了分析。李响等[70]考虑入库洪水预报误差及洪水过程线形状不确定性等影响防洪调度风险的因素,将预泄能力约束法与蒙特卡洛随机模拟相结合,在不增加汛期防洪风险的条件下推求三峡水库汛限水位动态控制域。刘招等[71]为克服水库汛期防洪调度预报信息的不确定性,提出了基于预报调度相对风险率、实际风险率计算的实用风险分析方法。

## 1.4 主要研究内容与技术路线

### 1.4.1 主要研究内容

环境变化导致玛纳斯河融雪洪水特征时间序列的一致性遭到破坏,采用传统的洪水频率分析方法推求的设计洪水,已经不能反映环境变化下的融雪洪水的真实情况,再将其设计洪水成果应用到水利工程水文设计中,将会增大水利工程及区域防洪的风险。本书以玛纳斯河肯斯瓦特水库控制流域为研究区域,对区域环境变化、融雪洪水特性、融雪洪水计算过程及结果的不确定性进行分析,探讨环境变化下玛纳斯河融雪洪水径流过程的作用机制,分析玛纳斯河融雪洪水灾害的形成机理。对区域防洪技术资料进行修订,把风险分析理论和方法应用于玛纳斯河防洪风险的不确定性评估,进行流域环境变化对玛纳斯河融雪洪水的防洪影响及对水库防洪风险不确定性影响问题的研究。研究内容主要包括以下几个方面。

(1)区域环境变化及融雪洪水特性分析。利用玛纳斯河流域的下垫面状况、水文气象条件、土地利用、水利工程建设等图文、数据等资料,对区域气候变化特征和人类活动导致的土地利用时空变化规律进行分析。采用 Pettitt 非参数检验法和 Mann-Kendall 非参数趋势检验法对水文要素序列(年径流序列、年均气温序列、年降水量序列、年蒸发量序列)的变异点和趋势进行检验。依据气候变化特征和土地利用的不同时相遥感资料,并结合水文物理机制,对影响水文要素序列变异的物理成因及融雪洪水特性进行分析。

(2)环境变化下融雪洪水非一致性及影响因素分析。以肯斯瓦特控制流域年最大洪峰流量序列和年最大时段洪量序列(年最大 1 日洪量序列、年最大 3 日洪量序列、年最大 7 日洪量序列、年最大 15 日洪量序列和年最大 30 日洪量序列)为基础数据资料,利用 Pettitt 非参数检验法和 Mann-Kendall 非参数趋势检验法分析其变异与趋势特征，以识别融雪洪水特征序列的非一致性，并结合不同时相的遥感影像资料，揭示影响融雪洪水特征序列非一致性的气候因子和下垫面因子。并分析气温均值序列（7、8 月份气温均值序列）和降水序列（洪峰出现之前的 1 日、3 日、5 日、7 日、15 日及 30 日前期影响雨量序列）的变异趋势特征。采用 Pearson、Kendall 和 Spearman 相关分析方法对气候影响因子序列与融雪洪水特征序列进行相关分析，确定影响融雪洪水特征序列的主要气候因子。

（3）环境变化对融雪洪水径流过程影响程度分析。以肯斯瓦特控制流域融雪洪水径流量序列、降水量序列及蒸发量序列为基础资料，采用线性回归、趋势分析、Mann-Kendall 突变检验和累积距平等方法对融雪洪水径流量序列和其气候影响因子序列进行变化特征及突变分析。利用统计分析法和累积量斜率变化率比较法，分析累积融雪洪水径流量序列、降水量序列及蒸发量序列与年份之间的关系。在考虑蒸散发影响和不考虑蒸散发影响两种情况下，定量分析流域气候变化和人类活动对融雪洪水径流量变化的贡献程度，并给出影响融雪洪水径流量变化的主要影响因素。

（4）基于 GAMLSS 模型的非一致性融雪洪水分析。以融雪洪水特征时间序列为基础资料，基于 GAMLSS 理论构建分布参数为常量的传统一致性模型以及构建分布参数以时间为协变量的非一致性时变矩模型。由于气候变化为融雪洪水的主要影响因素，在气候影响因子序列与融雪洪水特征序列相关分析的基础上，选择与融雪洪水特征序列具有较强相关关系的气候因子序列作为协变量，构建分布参数以气候因子为协变量的非一致性时变矩模型。分析比较一致性模型和非一致性模型的融雪洪水特征序列计算结果，给出最优拟合分布模型，并定量评估环境变化下同一设计标准融雪洪水值的动态变化对设计洪水的影响。

（5）基于混合分布模型的非一致性融雪洪水分析。在融雪洪水特征序列变异诊断结果的基础上，构建混合分布模型和条件概率分布模型，进行模型比较分析，并对非一致性融雪洪水特征序列进行分析，混合分布模型拟合效果较条件概率分布模型更优。将最优分布模型（混合分布模型）得到的设计洪水成果与水利部规划总院审定的成果及不考虑变异的原序列 P-Ⅲ分布拟合成果进行对比分析，将不考虑变异的原序列 P-Ⅲ分布拟合成果与水利部规划总院审定的成果进行对比分析，对典型融雪洪水过程采用同频率缩放，并分析对比不同分布的设计洪水过程线，定量评估环境变化对设计洪水的影响。

（6）环境变化对水库防洪风险不确定性影响分析。在融雪洪水特征序列非一致性的识别和环境变化对融雪洪水影响分析的基础上，采用还原/还现途径对融雪洪水特征序列进行一致性修正。利用 Bayes 理论和 Gibbs-MCMC 算法，定量分析比较一致性和非一致性条件下分布参数的不确定性，评估环境变化下不同样本条件对融雪洪水特征序列设计洪水计算的影响，估计其参数置信区间，并评价预报区间的优良性。将融雪洪水特征序列一致性修正后两种条件下的设计洪水过程作为水库入库融雪洪水过程，进行水库调洪演算，并通过频率分析法和模糊风险分析法，对过去、现状两种条件下的水库极限防洪风险率和水库漫坝模糊风险率进行分析计算，定量分析环境变化对水库防洪风险不确定性的影响。

## 1.4.2 技术路线

技术路线如图 1.3 所示。

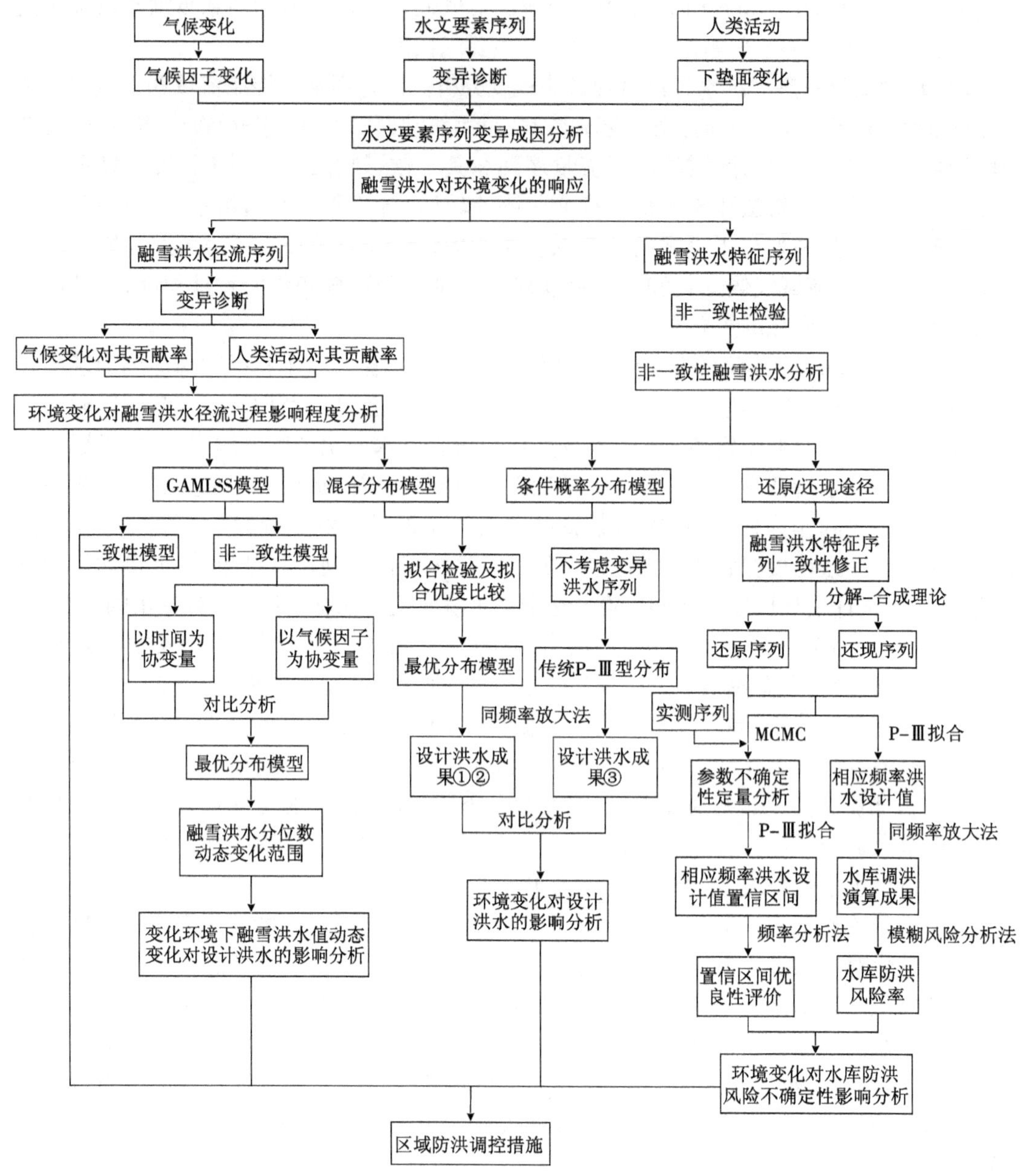


**图 1.3 技术路线**

# 第 2 章　区域环境变化及融雪洪水特性分析

玛纳斯河流域属于干旱半干旱区内陆河流域，地处中纬度地带，是全球气候变化影响下最敏感的地区，其主要水源来自山区降水和冰川积雪融水。玛纳斯河流域在气候变化和人类活动的综合作用下，以冰雪融水为基础的水资源系统非常脆弱，温度升高引起冰雪融水径流的季节性变化，导致水资源的异变，使得区域水循环系统的稳定性和水资源的可再生性降低，从而加剧西北干旱半干旱区水资源供给的不确定性，并导致水文循环加快，冰川融化加速，极端水文事件频发，洪/旱灾害风险增加。

本章将以肯斯瓦特控制流域 1957—2006 年水文要素资料为基础，采用线性倾向估计法、滑动平均法和 Mann-Kendall 非参数秩次检验方法对区域气候变化特征进行分析，采用遥感影像资料对流域土地利用类型进行分析，并通过变异诊断方法结合物理成因对流域水文要素序列进行非一致性成因分析。

## 2.1　环境变化特征分析

### 2.1.1　气候变化特征分析

1. 研究方法

1)线性倾向估计法

这种方法[72-73]能反映出气象要素的趋势变化特征。一般将气象要素序列的长期趋势变化用一元线性函数表示：

$$y = ax + b \tag{2.1}$$

式中：$x$ 为年序列号；$b$ 为常数；$a$ 为线性倾向值。线性倾向值 $a$ 表示气候变量的趋势倾向性，$a$ 值的大小反映了上升或下降的速率。$a > 0$，表示 $y$ 随时间呈上升趋势；反之，$a < 0$，表示 $y$ 随时间呈下降趋势。倾向值乘以 10 为气候倾向率。

2)滑动平均法

滑动平均法在气象领域得到了大量的应用。通过滑动平均，数据序列的独立性被削弱，自由度降低，降低的程度和滑动平均的阶数有关。滑动平均的阶数越大，数据序列中保留的信号越少，反之亦然。因此，通过滑动平均后的不同数据序列之间的相关系数会增加。对序列 $x_1, x_2, \cdots, x_n$ 的几个前期值和后期值取平均，求出新的序列 $y_t$，使原序列光滑，表达式为

$$y_t = \frac{1}{2k+1}\sum_{i=-k}^{k} x_{t+i} \tag{2.2}$$

式中：当 $k = 2$ 时，为 5 点滑动平均；当 $k = 3$ 时，为 7 点滑动平均。若 $x_i$ 具有趋势成分，选择合适的 $k$ 值，$y_t$ 就能把趋势清晰地反映出来。

3)Mann-Kendall 非参数秩次检验法

Mann-Kendall 非参数秩次检验法由 Mann 和 Kendall 开发[74-77]，主要用于检验线性、非线性时间序列的变化趋势。此方法已被广泛地应用于水文气象时间序列(降水、气温、蒸发、径流等)的趋势性检验。Mann-Kendall 非参数秩次检验统计量 $S$ 和检验值 $Z_{MK}$ 的公式为

$$S = \sum_{i=1}^{n-1} \sum_{j=i+1}^{n} \text{sgn}(X_j - X_i) \tag{2.3}$$

$$\text{sgn}(X_j - X_i) = \begin{cases} +1 & X_j - X_i > 0 \\ 0 & X_j - X_i = 0 \\ -1 & X_j - X_i < 0 \end{cases} \tag{2.4}$$

$$Z_{MK} = \begin{cases} (S-1)/\sqrt{\text{var}(S)} & S > 0 \\ 0 & S = 0 \\ (S+1)/\sqrt{\text{var}(S)} & S < 0 \end{cases} \tag{2.5}$$

式中：$X_i$ 和 $X_j$ 分别是第 $i$ 年和第 $j$ 年的观测数值，$i<j$；$n$ 为序列的样本容量；当 $|Z_{MK}| > Z_{1-\alpha/2}$ 时拒绝零假设(零假设为无变化趋势)，当 $|Z_{MK}| < Z_{1-\alpha/2}$ 时则接受零假设，$Z_{1-\alpha/2}$ 从正态分布函数中获得，$\alpha$ 为显著性水平，当 $\alpha$ 取 0.05 时，$Z_{1-\alpha/2}$ 为 1.96。

玛纳斯河肯斯瓦特控制流域年平均气温和年降水量序列资料统计按照自然年计算，即每年的 1—12 月之和；季节的划分采用气象季节，即将资料系列按照 3—5 月为春季，6—8 月为夏季，9—11 月为秋季，12 月—次年 2 月为冬季来进行统计。

**2. 气温变化特征分析**

1)气温年际变化特征分析

玛纳斯河肯斯瓦特控制流域 1957—2006 年年均气温年际变化趋势以及 Mann-Kendall 检验统计变化特征如图 2.1 所示，年均气温总的变化趋势是升高的，气候上升倾向率为 0.661 ℃/10a，呈明显升高的趋势。在 1957—1969 年呈先升高后降低的波动变化趋势；1970—1978 年呈波动升高的变化趋势；1979—2006 年呈先升高后降低的波动变化趋势。该流域近 50 年来年均气温升高约为 3.305 ℃；最低温度出现在 1964 年，为 4.389 ℃，最高温度出现在 2006 年，为 9.041℃。20 世纪 70 年代年均气温与 60 年代相比，升高约为 0.30%；80 年代年均气温与 70 年代相比，升高了约 13.45%；90 年代年均气温与 80 年代相比，升高了约 13.62%；2000 年之后年均气温与 20 世纪 90 年代相比，升高了约 12.81%；2000 年年均气温与 20 世纪 60 年代相比，升高了约 45.82%。采用 Mann-Kendall 检验对流域年均气温进行分析(图 2.1)，结果表明，1957—1978 年年均气温呈波动变化，变化趋势不显著；1979—2006 年年均气温呈波动升高趋势，且升高趋势显著。另外，在显著性水平 $\alpha=0.05$ 情况下，年均气温 $UF_k$ 和 $UB_k$ 两条曲线交于 1968 年，说明 1968 年为年均气温时间序列的突变点。

2)气温季节性变化特征分析

玛纳斯河肯斯瓦特控制流域 1957—2006 年春、夏、秋、冬四季的平均气温总的变化趋势都是升高的，气候倾向率分别为 0.801 ℃/10a、1.069 ℃/10a、0.724 ℃/10a、0.050 ℃/10a，呈升高的趋势(图 2.2)。春、夏、秋、冬四季的平均气温分别为 8.695 ℃、22.064 ℃、6.979 ℃、-12.010 ℃。春季在 1957—1979 年平均气温呈先升高后降低的波动下降趋势，1980—2006 年呈先升高后降低的波动上升趋势；夏季在 1957—2006 年平均气温呈波动上升趋势；

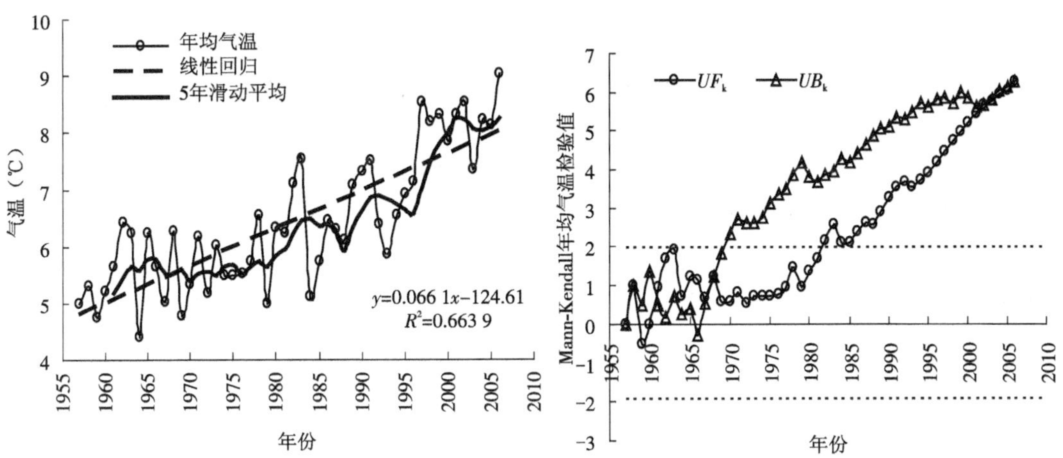


图 2.1　年均气温变化特征及 Mann-Kendall 检验统计变化

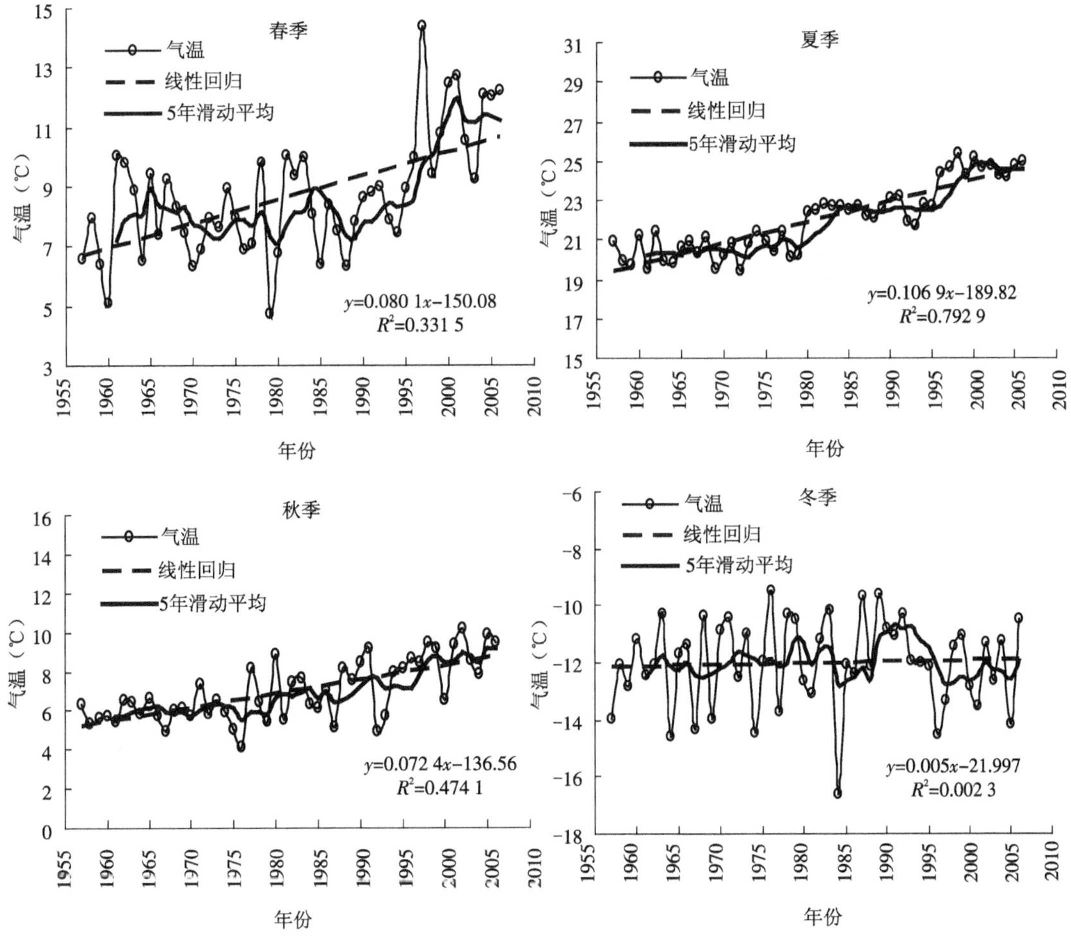

图 2.2　流域四季平均气温变化特征

秋季在1957—2006年平均气温也呈波动上升趋势；冬季在1957—1984年平均气温呈波动上升趋势，1985—2006年呈先升高后降低的波动上升趋势。春、夏、秋、冬四季年平均气温在近50年的变化趋势基本是一致的；春、夏、秋三季平均气温在近50年间均呈显著上升的变化趋势；而冬季平均气温也呈上升的变化趋势，但变化不显著。

采用Mann-Kendall检验对流域四季平均气温进行统计，求出时间序列的$UF_k$和$UB_k$值。取显著性水平$\alpha=0.05$情况下临界值为±1.96，结果如图2.3所示。从图中可以看出，流域春季在1957—1993年平均气温呈波动变化，变化趋势不显著；1994—2006年平均气温呈升高趋势，上升趋势显著。夏季在1957—1978年平均气温呈波动变化，变化趋势不显著；1979—2006年平均气温呈升高趋势，上升趋势显著。秋季在1957—1986年平均气温呈波动变化，变化趋势不显著；1987—2006年平均气温呈升高趋势，上升趋势显著。而冬季在1957—2006年平均气温呈波动变化，但变化趋势不明显。另外，在显著性水平$\alpha=0.05$情况下，春、夏、秋、冬四季平均气温$UF_k$和$UB_k$两条曲线分别交于1965、1967、1961和1962年，说明1965、1967、1961和1962年分别为春、夏、秋、冬四季平均气温时间序列的突变点。

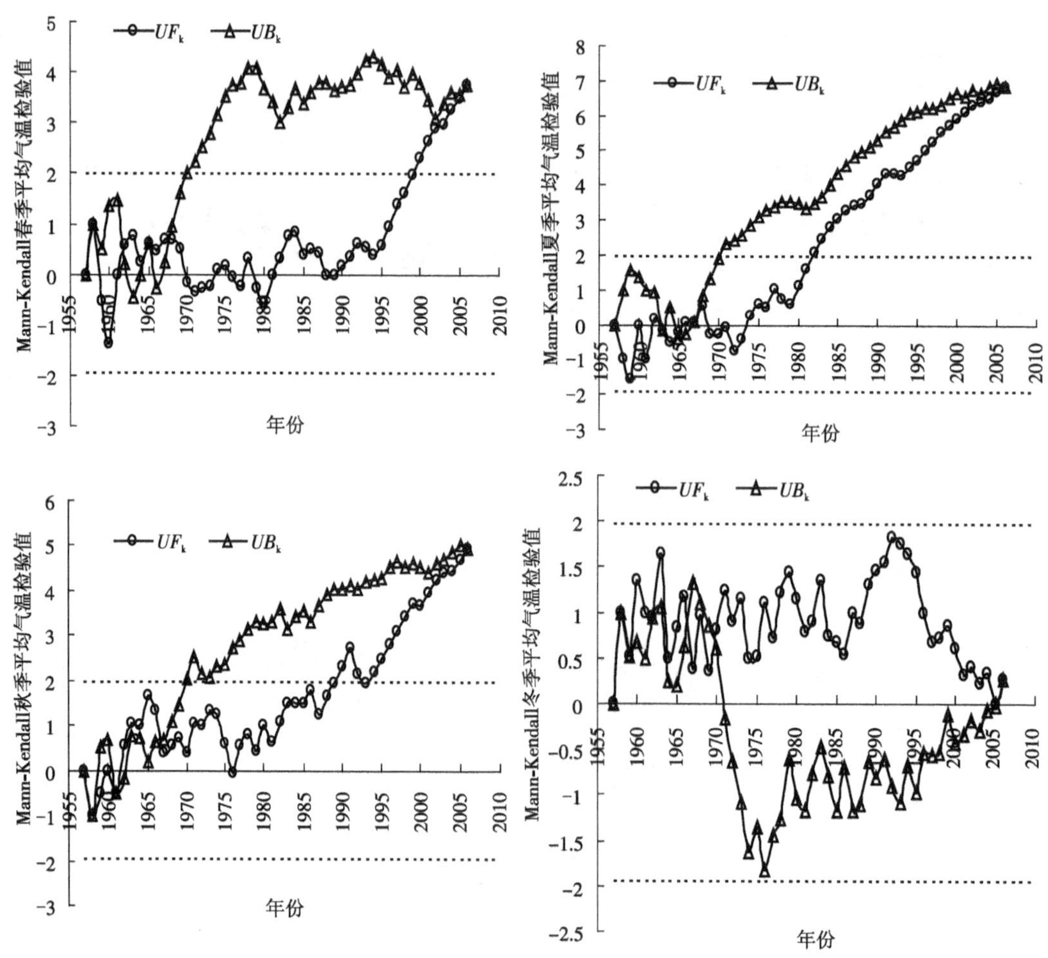


图2.3　流域四季平均气温Mann-Kendall检验统计变化

3. 降水变化特征分析

1)降水量年际变化特征分析

玛纳斯河肯斯瓦特控制流域1957—2006年年降水量年际变化趋势以及Mann-Kendall检验统计变化特征如图2.4所示,年降水量总的变化趋势是减少的,气候倾向率为-8.667 mm/10a,呈明显的下降减少趋势。在1957—1977年呈先减少后增加,然后再减少的波动变化趋势;在1978—2006年呈波动增加的变化趋势。该流域近50年来平均降水量为337.42 mm。20世纪70年代年降水量与60年代相比,减少约为6.76%;80年代年降水量与70年代相比,减少了约2.03%;90年代年降水量与80年代相比,增加了约8.88%;2000年以后年降水量与20世纪90年代相比,增加了约9.95%;2000年以后年降水量与20世纪60年代相比,增加了约9.36%。采用Mann-Kendall检验对流域年降水量进行分析(图2.4),结果表明,1957—1985年年降水量呈波动下降变化,且减少趋势显著;1986—2006年年降水量呈波动上升趋势,且增加趋势显著。另外,在显著性水平$\alpha=0.05$情况下,年降水量$UF_k$和$UB_k$两条曲线交于1962年和1969年,说明1962年和1969年为年降水量时间序列的突变点。

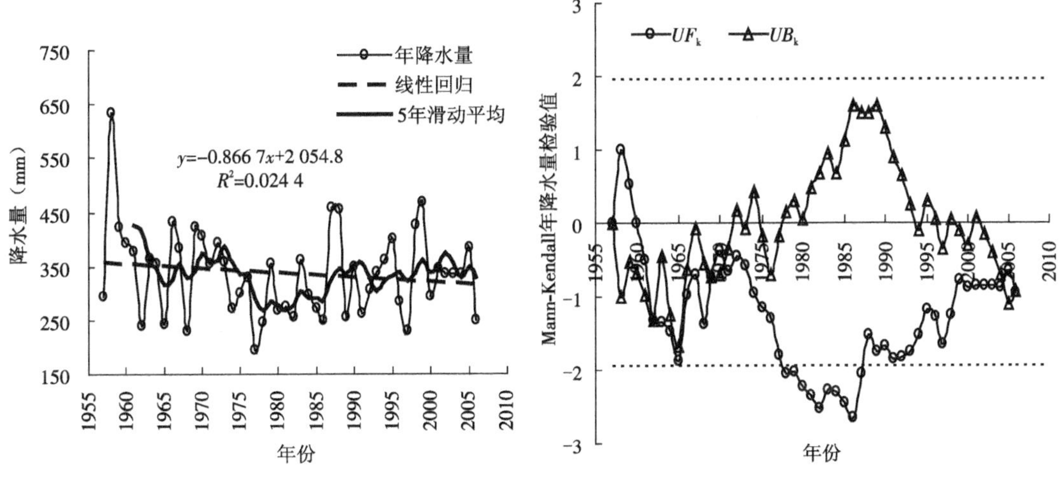


**图2.4　年降水量变化特征及Mann-Kendall检验统计变化**

2)降水量季节性变化特征分析

玛纳斯河肯斯瓦特控制流域1957—2006年春、夏、秋三季的降水量总的变化趋势都是减少的,气候倾向率分别为-1.643 mm /10a、-8.114 mm /10a、-0.249 mm /10a,呈下降减少的趋势;而冬季的降水量的变化趋势是增加的,气候倾向率为1.338 mm /10a,呈上升增加的趋势(图2.5)。该流域春、夏、秋、冬四季的平均降水量分别为109.26 mm、143.53 mm、61.48 mm、23.15 mm,分别占总降水量的32.38%、42.54%、18.22%、6.86%。春季和秋季在1957—2006年降水量均呈波动下降减少的变化趋势;夏季在1957—1977年降水量呈波动下降减少的趋势,1978—2006年降水量呈波动上升增加的趋势;冬季在1957—2006年降水量则呈波动上升增加的变化趋势。春、夏、秋三季的降水量在近50年间均呈下降减少的变化趋势;而冬季降水量则呈上升增加的变化趋势。

采用Mann-Kendall检验对流域四季降水量进行统计,求出时间序列的$UF_k$和$UB_k$值。取显著性水平$\alpha=0.05$情况下临界值为±1.96,结果如图2.6所示。从图中可以看出,流域

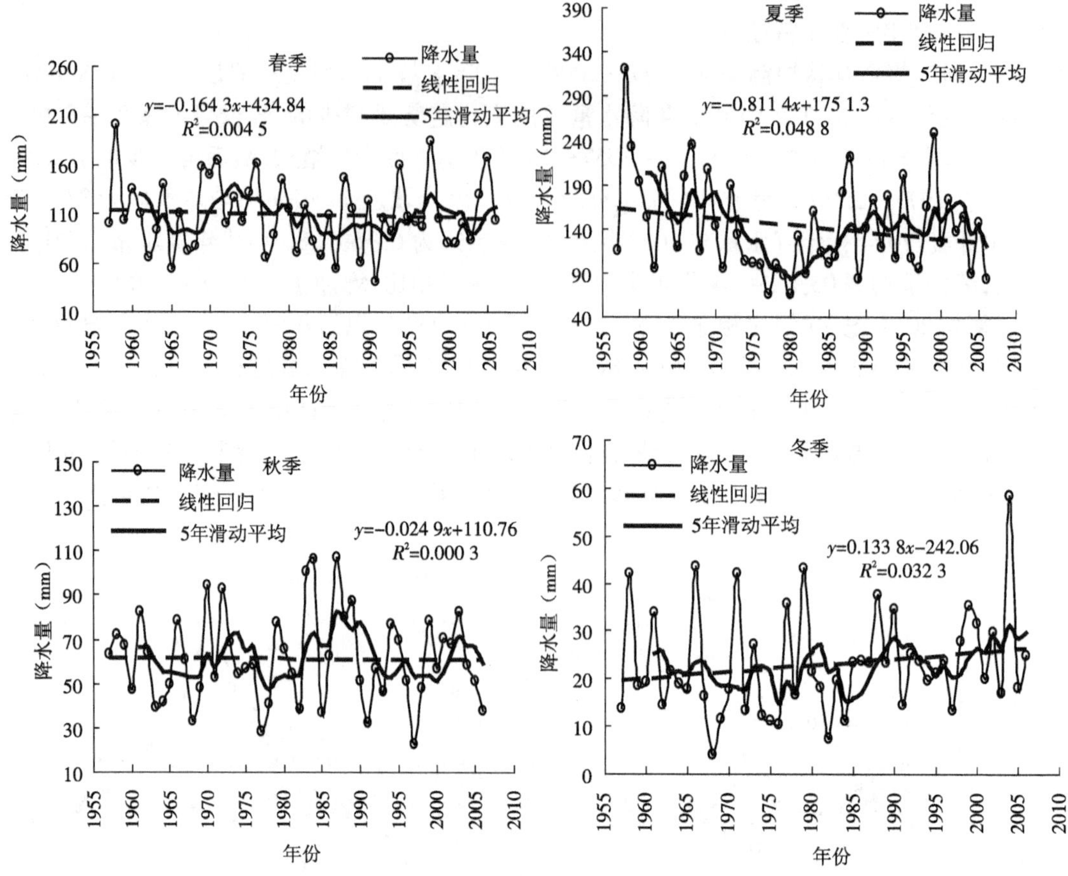


**图 2.5　流域四季降水量变化特征**

春季和秋季在 1957—2006 年降水量呈波动下降变化，变化趋势不显著。夏季在 1957—1971 年降水量呈波动变化，变化趋势不显著；1972—1979 年降水量呈减少趋势，下降减少趋势显著；1980—2006 年降水量呈增加趋势，上升增加趋势显著。冬季在 1957—1976 年降水量呈波动下降趋势；1977—2006 年降水量呈波动上升变化趋势，但变化趋势均不显著。另外，在显著性水平 $\alpha = 0.05$ 情况下，春季降水量 $UF_k$ 和 $UB_k$ 两条曲线交于 1960 年，说明 1960 年为春季降水量时间序列的突变点；而冬季降水量时间序列突变点为 1960 年和 1962 年。

## 2.1.2　人类活动影响分析

人类活动使得流域下垫面发生变化，从而改变水文循环，影响到河川径流。土地利用/覆被变化反映了不同时期人类出于各种目的对土地经营方式的改变，根据 1985 年、1995 年和 2005 年肯斯瓦特控制流域的遥感影像图（图 2.7），提取了耕地、林地、草地、水体、冰川、荒漠、居民用地七类土地利用类型的面积，见表 2.1。由表 2.1 可以看出，1985—1995 年肯斯瓦特控制流域耕地、水体、荒漠面积分别增加了 20.83%、1.21%、7.86%，增加的趋势不明显，林地、草地、冰川、居民用地面积分别减少了 7.94%、3.51%、23.9%、0.79%，减少的

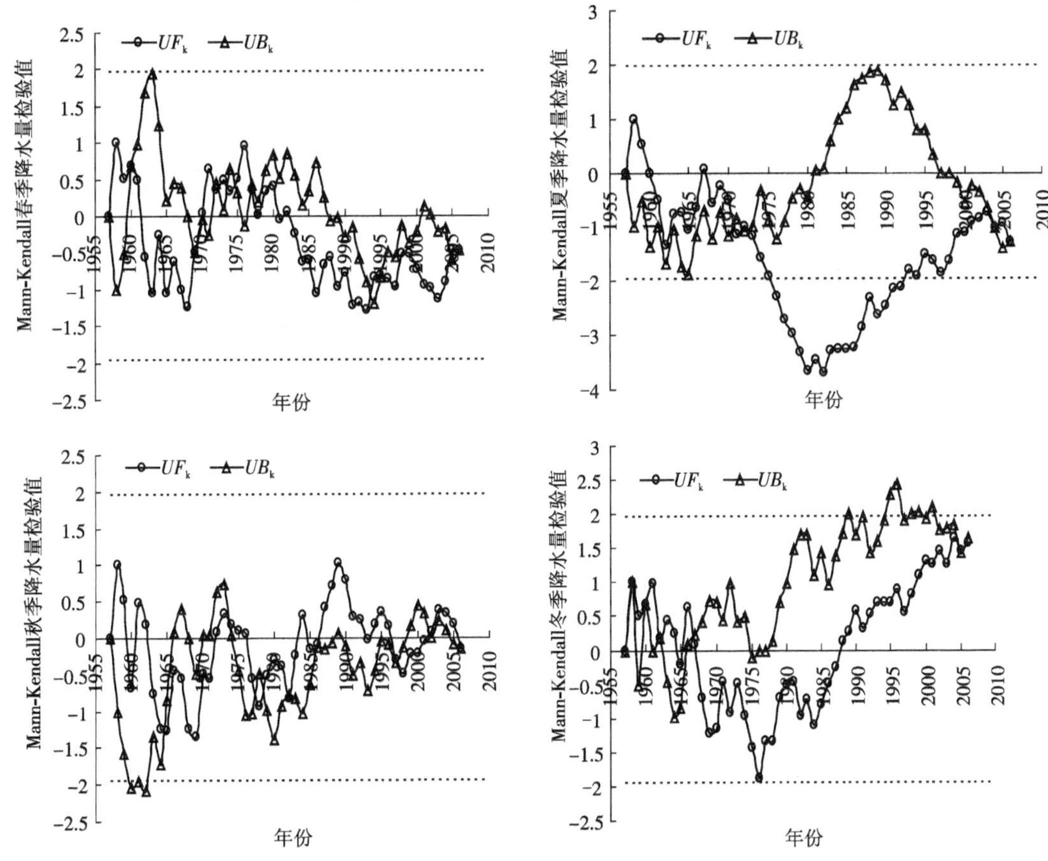


**图 2.6　流域四季降水量 Mann-Kendall 检验统计变化**

趋势不明显；而 1995—2005 年流域耕地、水体、荒漠、居民用地面积分别增加了 0.16%、0.78%、3.42%、8.18%，增加的趋势也不显著，林地、草地、冰川面积分别减少了 1.78%、7.15%、4.39%，减少的趋势也不显著。由此可见，肯斯瓦特控制流域 20 年间的各土地利用类型变化不大，人类活动对流域下垫面变化造成的影响较小。

**表 2.1　玛纳斯河肯斯瓦特控制流域土地利用分类变化情况统计**

| 土地利用类型 | 1985 年 | 1995 年 | 2005 年 | 20 世纪 90 年代/80 年代 | | 2000 年后/20 世纪 90 年代 | |
|---|---|---|---|---|---|---|---|
| | 面积(km$^2$) | 面积(km$^2$) | 面积(km$^2$) | 变化量(km$^2$) | 变化率(%) | 变化量(km$^2$) | 变化率(%) |
| 耕地 | 25.21 | 30.46 | 30.51 | 5.25 | 20.83 | 0.05 | 0.16 |
| 林地 | 393.43 | 362.19 | 355.73 | -31.24 | -7.94 | -6.46 | -1.78 |
| 草地 | 1 073.52 | 1 035.79 | 961.72 | -37.74 | -3.51 | -74.07 | -7.15 |
| 水体 | 155.01 | 156.89 | 158.12 | 1.88 | 1.21 | 1.23 | 0.78 |
| 冰川 | 535.25 | 407.31 | 389.43 | -127.94 | -23.90 | -17.88 | -4.39 |
| 荒漠 | 2 414.59 | 2 604.48 | 2 693.58 | 189.89 | 7.86 | 89.10 | 3.42 |
| 居民用地 | 17.63 | 17.49 | 18.92 | -0.14 | -0.79 | 1.43 | 8.18 |
| 其他 | 22.36 | 22.39 | 28.98 | 0.03 | 0.13 | 6.59 | 29.43 |

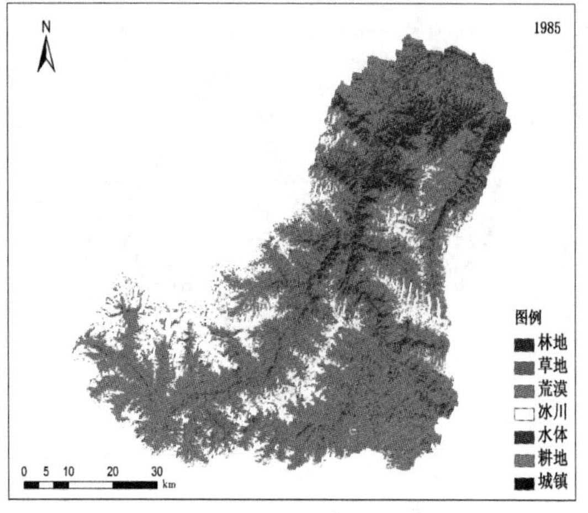


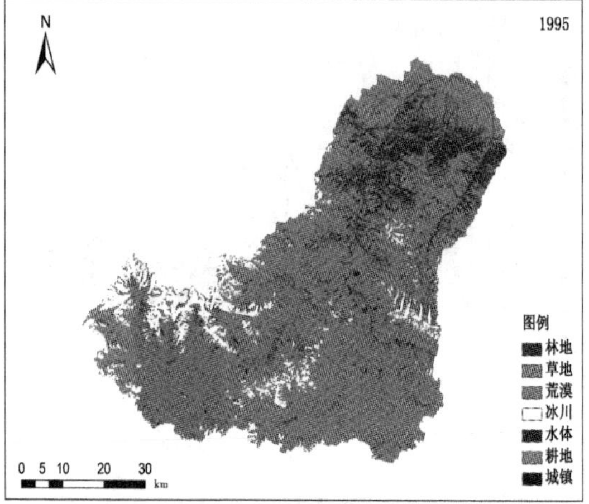


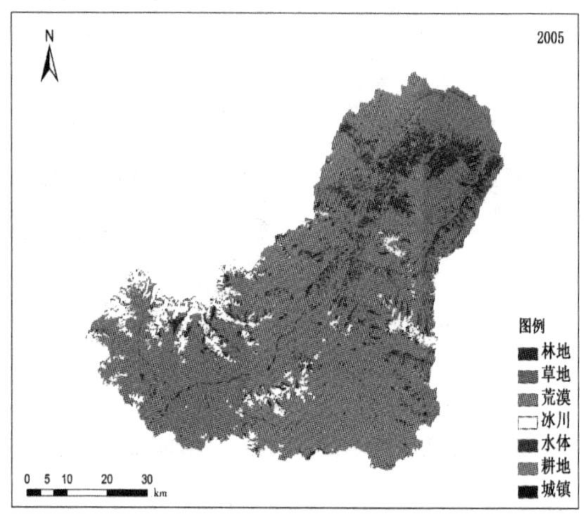


**图 2.7 肯斯瓦特控制流域 1985 年、1995 年及 2005 年土地利用情况**

## 2.2 水文要素序列变异诊断分析

### 2.2.1 变异诊断方法

1. Pettitt 非参数检验法

Pettitt 非参数检验法最早由 Pettitt[78] 提出,并将其应用到变异点的检验。Pettitt 检验法对异常值不敏感,可以通过近似极限分布来计算检验统计 $P$ 值[79]。此方法通常将所研究的水文时间序列存在趋势性变化作为假设前提,并通过检验水文时间序列要素均值变化的时间,来确定水文时间序列的变异时间。该方法采用 Mann-Whitney 统计量 $U_{t,N}$ 来检验同一个总体 $x(t)$ 的两个样本,统计量 $U_{t,N}$ 公式为

$$U_{t,N} = U_{t-1,N} + \sum_{i=1}^{N} \operatorname{sgn}(x_t - x_i) \quad (t = 2, 3, \cdots, N) \tag{2.6}$$

式中,其假设为

$$\mathrm{sgn}(x_t - x_i) = \begin{cases} 1 & x_t - x_i > 0 \\ 0 & x_t - x_i = 0 \\ -1 & x_t - x_i < 0 \end{cases} \tag{2.7}$$

Pettitt 非参数检验的零假设表示水文时间序列无变异点,即水文时间序列满足同一分布;非零假设表示水文时间序列存在变异点 $t$,即 $t$ 前后两个子序列服从不同的分布规律。一般通过统计量 $K_{t,N}$来判断水文时间序列是否变异,并确定其变异点的位置;$P$ 表示相关概率的显著性,其公式为

$$\left.\begin{aligned} &K_{t,N} = \max|U_{t,N}| \quad (1 \leqslant t \leqslant N) \\ &P \cong 2\exp\{-6K_{t,N}^2/N^3 + N^2\} \end{aligned}\right\} \tag{2.8}$$

式中:若 $P > 0.95$,则点 $t$ 为显著性变异点;以此可检验出水文时间序列的一级变点,并结合物理成因分析便可判定水文时间序列 $x(t)$ 的变异点。

2. Mann-Kendall 非参数趋势检验法

Mann[80] 和 Kendall[81] 提出 Mann-Kendall 趋势检验法,并得到了广泛应用。此方法为一种非参数秩次统计检验法,计算简单方便,样本序列既不受异常值的影响,也不需要满足特定分布;并且样本容量越大,趋势度绝对值越大,其检验识别能力也越强。该方法适用于顺序变量和类型变量的趋势检验,国内外水文学者[82-86]已将此方法广泛地应用到水文气象变量序列(降水、气温、蒸发、洪水径流等)的趋势分析中。

Mann-Kendall 非参数秩次统计检验方法在趋势检验中经常会受到水文时间序列自相关性的影响,在应用此方法前,应先判断水文时间序列自相关性是否显著。对于水文时间序列$(x_1, x_2, \cdots, x_n)$,首先计算水文时间序列之后 $k$ 阶的自相关性,若滞后一阶自相关系数在临界值范围之内,则其自相关性不显著,可直接对水文时间序列趋势性进行检验;否则,应先剔除水文时间序列的自相关性,再对新水文时间序列进行趋势性检验。本书采用预置白 Mann-Kendall 检验[87](Pre-Whitening,PW-MK)来剔除其自相关性的影响。计算原水文时间序列 $X_n$ 的一阶自相关系数 $r_1$,在 $\delta$ 的显著性水平下,采用双侧检验进行 $r_1$ 的显著性检验:

$$\frac{-1 - Z_{1-\delta/2}\sqrt{n-2}}{n-1} \leqslant r_1 \leqslant \frac{-1 + Z_{1-\delta/2}\sqrt{n-2}}{n-1} \tag{2.9}$$

假设原水文时间序列为一阶自相关过程 AR(1),采取预置白方法剔除原水文时间序列的自相关性,即

$$X_n' = X_n - r_1 X_{n-1} \tag{2.10}$$

若上式产生的新水文时间序列 $X_n'$ 不具有显著的自相关性,则采用 Mann-Kendall 非参数检验法来检验新水文时间序列的趋势性。在应用 Mann-Kendall 非参数秩次检验法时,先确定水文时间序列$(x_1, x_2, \cdots, x_n)$的对偶数 $x_i < x_j (i < j)$ 个数,再计算水文时间序列方差 $\mathrm{var}(x_n)$及统计量 $U_n$,即

$$\mathrm{var}(x_n) = \frac{n(n-1)(2n+5)}{72} \tag{2.11}$$

$$U_n = \frac{x_n - \bar{x}_n}{\sqrt{\mathrm{var}(x_n)}} \tag{2.12}$$

式中:$n$ 为样本容量。

$$\left.\begin{aligned} x_n &= \sum_{t=1}^{n} x_t \\ \bar{x}_n &= E(x_n) = \frac{n(n-1)}{4} \end{aligned}\right\} \tag{2.13}$$

若 $U_n>0$,则水文时间序列$(x_1,x_2,\cdots,x_n)$呈上升趋势;反之,则呈下降趋势。若$|U_n|>U_{\alpha/2}$,则水文时间序列趋势性显著;反之,趋势性不显著。$U_{\alpha/2}$的取值可以通过查正态分布表得到,一般通常采用显著性水平为95%的趋势检验,$|U_{\alpha/2}|=1.96$。

### 2.2.2 水文要素序列变异诊断

本书采用 Pettitt 非参数检验法和 Mann-Kendall 非参数趋势检验法对玛纳斯河肯斯瓦特控制流域年均气温、年降水量、年蒸发量及年径流量时间序列做变异点诊断和趋势分析。对水文要素序列先进行变异点诊断,然后再进行趋势检验分析;若整体趋势变化显著且有变异点,则将水文要素序列从变异点处分割为两个子序列,再对这两个子序列分别进行趋势检验,以此来分析水文要素序列变异发生的时间位置以及水文要素序列的整体或局部趋势。

1. 水文要素序列变异点诊断

玛纳斯河肯斯瓦特控制流域水文要素序列的变异点诊断结果如图 2.8 所示,认为概率 $P$ 值大于 0.95 的年份可能是水文要素序列变异点发生的年份。年均气温序列在 1967—1999 年这 33 年间均有可能发生变异;年降水量序列没有出现变异点;年蒸发量序列可能发生变异的年份为 1994—2000 年;而年径流量序列在 1985—1987 年、1990 年、1992—1996 年这 9 年间均可能发生变异。在有多个概率 $P$ 值均大于 0.95 和变异点取值间距过小的情况下,取概率 $P$ 值最大的变异点作为最可能发生的变异点。因此,年均气温、年蒸发量以及年径流量序列的变异点最可能发生的年份分别为 1979 年、1996 年和 1993 年;而年降水量序列没出现变异点。

2. 水文要素序列趋势性诊断

首先对水文要素序列进行自相关性诊断,若序列的一阶自相关系数在临界值范围之内,则水文要素序列的自相关性不显著,可直接用原序列进行 Mann-Kendall 非参数趋势检验。图 2.9 为水文要素原序列自相关关系图,年降水量和年蒸发量序列一阶自相关性均不显著,可直接用原序列进行 Mann-Kendall 非参数趋势检验;而年均气温和年径流量序列一阶自相关系数超出了临界范围,说明此两序列的自相关性显著,不能直接用原序列进行 Mann-Kendall 非参数趋势检验。采用预置白方法分别剔除年均气温和年径流量原序列的自相关性,从而得到两新序列。若两新序列的自相关性不显著,则可用 Mann-Kendall 非参数趋势检验法来检验两新序列趋势的显著性。经检验,年均气温和年径流量新序列的自相关性均不显著,如图 2.10 所示。

采用 Mann-Kendall 非参数趋势检验法对流域水文要素序列进行趋势诊断,其结果见表 2.2,年均气温和年蒸发量序列的统计量值均大于 1.96,表明这两序列均通过了显著性趋势检验,并呈显著上升趋势;而年降水量和年径流量序列的统计量值均小于 1.96,说明年降水

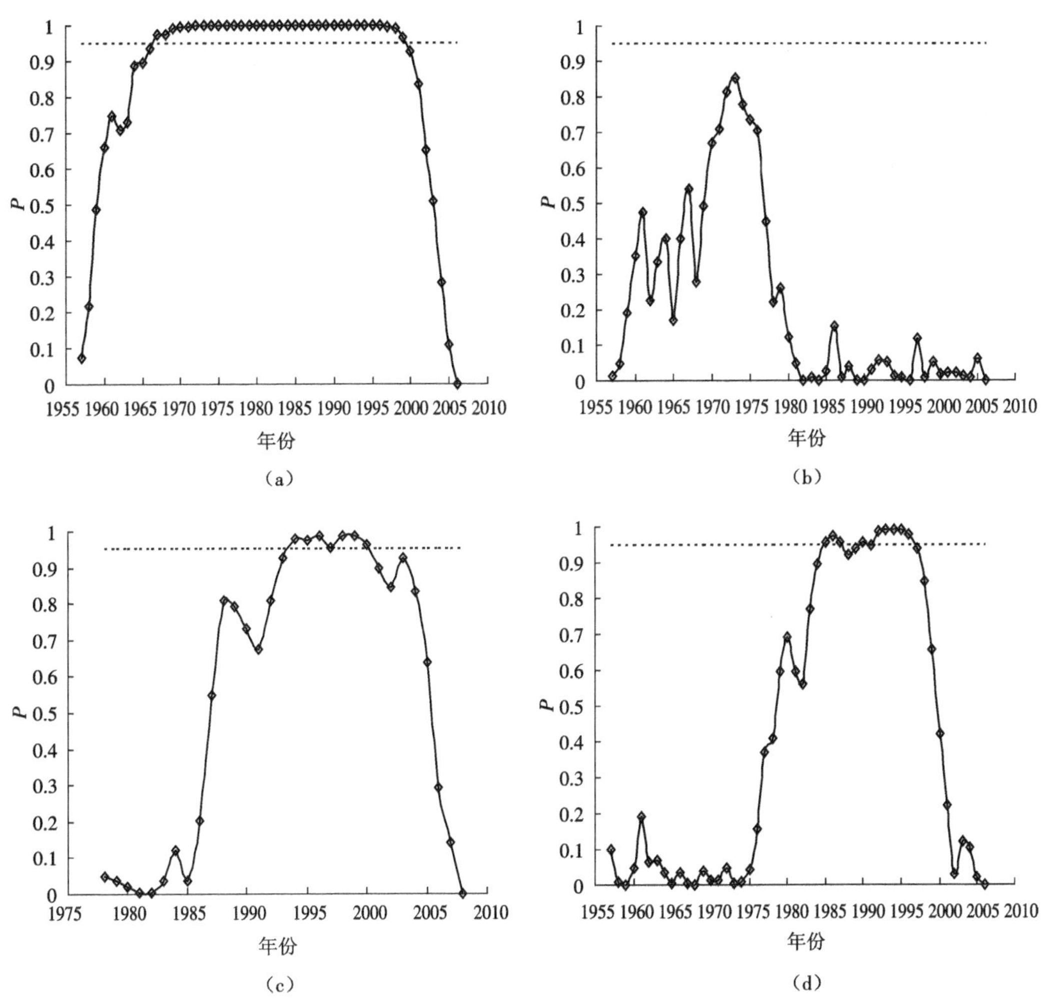


**图 2.8　水文要素序列变异点诊断**

(a)年均气温序列　(b)年降水量序列　(c)年蒸发量序列　(d)年径流量序列

量序列呈下降趋势，下降趋势不显著，而年径流量序列则呈上升趋势，上升趋势也不显著。

该流域年均气温、年蒸发量和年径流量序列均出现变异点，而且年均气温和年蒸发量序列均呈显著上升变化趋势。以变异点为分界点，将水文要素序列分割成为前段（包含变异点）和后段两个子序列，为了判别水文要素序列的非一致性是以跳跃变异的形式表现出来，还是以趋势变异的形式表现出来，分别对这两个子序列进行 Mann-Kendall 非参数趋势检验，诊断结果见表 2.2，年均气温、年蒸发量和年径流量子序列的趋势性均不显著。因此，年均气温、年蒸发量和年径流量序列的非一致性均主要以跳跃变异的形式表现出来。

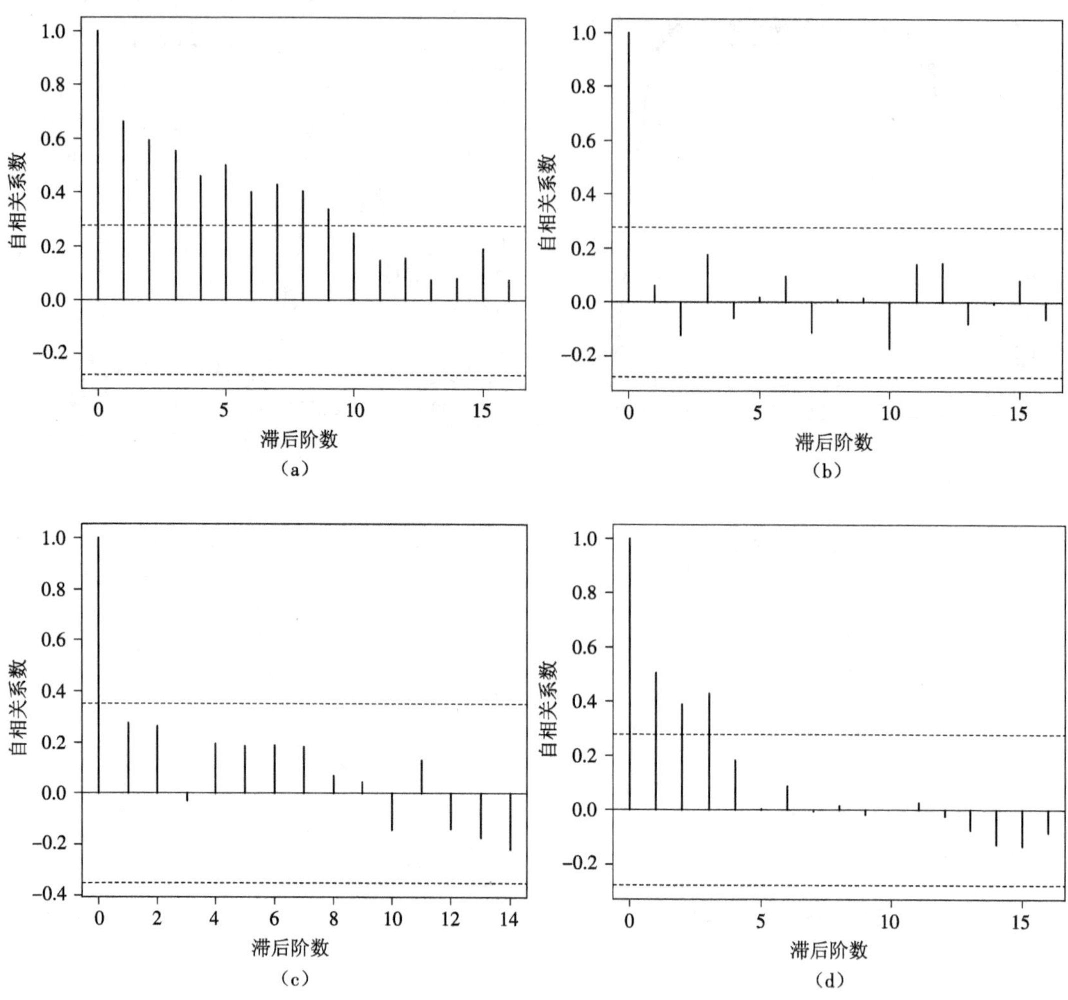


**图 2.9 水文要素原序列自相关关系**

(a)年均气温序列 (b)年降水量序列 (c)年蒸发量序列 (d)年径流量序列

**表 2.2 水文要素序列及其子序列趋势诊断**

| 水文要素序列 | 变异点 | 时间序列 | $U$ 值 | 显著性 |
|---|---|---|---|---|
| 年均气温序列 | 1979 年 | 1957—2006 | 2.94 | 显著 |
| | | 1957—1979 | -0.11 | 不显著 |
| | | 1980—2006 | 1.29 | 不显著 |
| 年降水量序列 | 无 | 1957—2006 | -0.95 | 不显著 |
| 年蒸发量序列 | 1996 年 | 1957—2006 | 2.18 | 显著 |
| | | 1978—1996 | -1.68 | 不显著 |
| | | 1997—2008 | 1.58 | 不显著 |
| 年径流量序列 | 1993 年 | 1957—2006 | 1.39 | 不显著 |
| | | 1957—1993 | -0.75 | 不显著 |
| | | 1994—2006 | -0.21 | 不显著 |

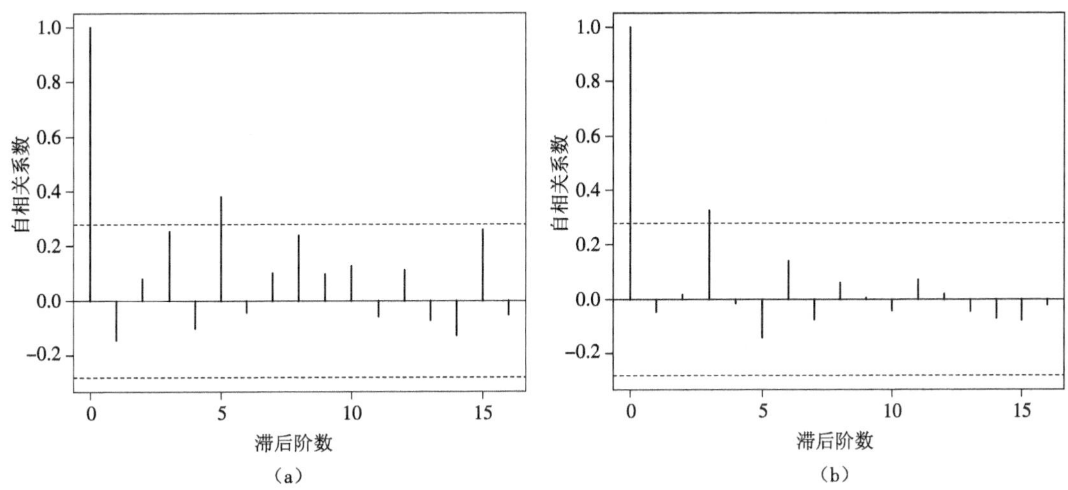


**图 2.10　年均气温和年径流量新序列自相关关系**

(a)年均气温序列　(b)年降水量序列

## 2.3　水文要素序列变异成因分析

由表 2.1 流域土地利用分类变化情况的统计可知,1985—1995 年期间,肯斯瓦特控制流域内耕地面积、水体面积和荒漠面积略有增加,林地面积和草地面积略有减少,但变化幅度都不大;而冰川面积减少的幅度相对较大。1995—2005 年期间,各土地利用类型的变化幅度均不大。由此可见,人类活动对肯斯瓦特控制流域下垫面变化造成的影响较小,而冰川面积减少幅度相对较大,主要是由于 1985—1995 年期间气候转型引起的。因此,在 1990 年前后,肯斯瓦特控制流域内的下垫面变化不大,导致年径流量序列发生变异的主要原因为气候变化,而且最可能变异点为 1993 年是合理可靠的。综上分析可知,流域水文要素序列的变异是流域环境变化引起的,并且气候变化是其变异的主要原因。

## 2.4　融雪洪水特性分析

### 2.4.1　融雪洪水特征

根据玛纳斯河肯斯瓦特水文站近 50 年融雪洪水实测资料,融雪洪水主要集中发生在汛期的 7、8 月份,而且最大洪峰流量基本上也均发生在 7、8 月份,仅 1976 年和 1984 年的最大洪峰流量出现在 6 月下旬。根据气温和降水量的年内变化过程发现,7 月份平均气温最高,其次为 8 月份和 6 月份;而降水量 6 月份最大,其次为 5 月份、7 月份、8 月份。由此表明,融雪洪水的形成主要以冰川积雪融化为主,降水补给为辅,其中以暴雨融雪混合型洪水最具破坏性。其特征主要表现如下。

1. 发生时间集中,且持续时间长

融雪洪水多集中在汛期的 7、8 月份,其径流量超过全年径流量的 85% 。受气候变化和冰川积雪情况的影响，早春融雪洪水历经起涨期—洪峰期—退水期比较单一的过程，随着春季气温的日益变化，积雪融化一般需要较长时间，并且积雪层具有持水能力，增加了对融雪径流的调蓄作用，导致融雪洪水持续时间延长，一般历时 10 天左右。随着气温的持续升高，冰川积雪融化量增大，同时降雨也增多，融雪洪水紧接着暴雨洪水，暴雨洪水一般历时 1 ~3 天。暴雨与冰川积雪融水相互叠加形成夏季融雪洪水，其年最大 1 日洪量一般发生在气温高、降雨量大的 7、8 月份，一次融雪洪水过程历时少则 3 ~5 天，多则 10 几天。

2. 洪峰不高，洪量大，峰型多变

除个别年份出现较大洪峰外，其他年份年最大洪峰流量多在 200 ~400 $m^3/s$，而多年平均年最大 1 日洪量为 0.229 亿 $m^3$。一次融雪洪水过程具有单峰、双峰、多峰、尖瘦型及矮胖型等多种不同峰型，其中双峰和多峰占到 65% 以上。

3. 起涨快，回落慢，日周期变化明显

早春融化的是低山区至山前平原积雪，这一带积雪面积大，气温急剧上升致使融雪洪水起涨迅速。受气温变化的影响，融雪洪水呈一日一峰的周期性波动变化特征。其变化过程与气温具有一致性，但又滞后于气温的日周期变化，冰川积雪情况决定了滞后的时间，而融雪洪水的历时决定了融雪洪水过程的洪峰数。

4. 呈片状发生

冰川积雪融水是融雪洪水的主要水源，气候条件和冰川积雪情况与融雪洪水的形成密切相关。气候条件相似地区融雪洪水发生的时间大致相近，天山北坡由于区域性气候、冰川积雪条件相似，融雪洪水成因和类型也相似，因此一次融雪洪水现象或洪灾事件的发生并不局限于某个流域或某条河流，而是天山北坡的普遍现象。

### 2.4.2 区域洪水类型

玛纳斯河洪水主要受气温和降水的影响，根据洪水不同的成因，洪水的类型主要包括以下 4 种。

1. 融雪(冰)型洪水

融雪(冰)型洪水主要受气温的影响，由冰川和积雪消融而成。在春季随着零度等温线的扰动回升，流域的冰雪向河源方向消融，等温线回升到雪线附近，消融量达到基本稳定。融雪洪水呈一日一峰变化，洪峰不高，峰谷变化有明显的规律性，洪峰流量不大，峰型矮胖，持续时间长。在整个汛期，这类融雪洪水水量占有很大的比重。春季如果积雪量大，气温回升快，中、低山区和丘陵区的积雪融化也能形成较大的春洪。

2. 暴雨型洪水

暴雨型洪水主要受局部天气和地形的影响，降雨也可形成有较大破坏能力的洪水。暴雨一般发生在中、低山区，笼罩面积小，强度大，暴雨中心多在森林带下缘 1 500 m 左右，汇流速度较快，洪水来势凶猛，陡涨陡落，峰高量少，峰型尖瘦，持续时间短，在数小时之内即可完成，此类洪水主要集中在 7、8 月份。

3. 溃坝型洪水

溃坝型洪水，即高山冰川融化造成的溃坝洪水或洪水夹带冰凌、泥石流堵塞河道等造成的突发性洪水。此类洪水较暴雨型洪水来势更凶猛，峰型更尖瘦，洪量更少，持续时间更短,峰顶仅几分钟,全过程也只有十几分钟。自本地区有观测资料以来,1980年7月27日玛纳斯河发生过一次此类洪水,该年肯斯瓦特水文站最大洪峰流量为668 $m^3/s$。

4. 暴雨融雪(冰)混合型洪水

暴雨融雪(冰)混合型洪水主要受大尺度天气系统的影响,玛纳斯河流域的大洪水主要为暴雨融雪混合型洪水。因前期气温高,而且山区出现大范围历时较长的降水天气,使得高山区的融雪(冰)洪水叠加中、低山区的暴雨洪水形成了洪峰高、洪量大、历时长的凶猛洪水。此类洪水是水利工程,特别是拦河水库的重点防范对象。据统计,玛纳斯河历年最大洪水过程大部分都是这类洪水。如干流上1963年8月份、1996年7月份和1999年7及8月份连续二次洪水过程,山区均有较大的暴雨出现。暴雨融雪混合型洪水主要发生在7、8月份。

### 2.4.3　融雪洪水影响因素

影响融雪洪水的因素很多,除了流域的地形地貌、流域规模等相对不变的因素外,流域积雪状况、气温、降水及下垫面条件等也是影响融雪洪水洪峰、洪量以及发生时间的主要因子。

1. 流域地形地貌及规模

玛纳斯河肯斯瓦特断面以上流域集水面积4 637 $km^2$,属于中小流域。流域呈瓢状和树枝状形态(图1.2),有利于洪水的形成。河长160 km,河段内高差可以达到4 000 m以上,坡降大,有利于洪水汇聚和迅速下泄。流域山前为准噶尔盆地,前山带的气温增加快,冰雪的融化快,再加之河段坡度大、流域规模小、流域形状呈瓢状和树枝状等因素,导致融雪洪水汇集快,容易形成突发性的融雪洪水。

2. 积雪状况

天山北坡各垂直地带,由于海拔和气候条件的差异,冰川积雪的分布数量及其对融雪洪水形成过程中的作用也是不相同的。天山北坡海拔3 600 m以上的中高山带有现代冰川与永久性积雪覆盖,是各条河流的主要补给源。积雪主要集中在高山带,形成了高山带积雪丰富、低山带积雪贫乏的现状。山区冰川积雪的分布与降水量的分布基本上一致,积雪深度都是从西向东、从南向北减小,随着海拔高度的减小,最大积雪深度逐渐减小,稳定的积雪天数也减少,积雪消融时间也相应减少。如果冬季和春季最大积雪深度出现的时间越晚,发生融雪洪水的可能性就越大。

3. 气温

天山北坡远离海洋,气候干燥,冬季寒冷,夏季炎热,日夜温差大,光照充足,热量丰富,降水稀少,蒸发量大,属于典型的大陆性气候。流域年平均气温山区低于盆地,气温直减率随着温度的升高而增大,山区气温直减率比盆地小,夏季气温直减率比冬季大。冬季随着冷空气和寒潮的入侵,山区冷空气下沉,堆积于盆地低处,山坡上形成相对的暖层,导致气温在中高山区比低山区高。冬末春初,3月份的气温对融雪洪水的影响很大,这期间温度呈上升趋势,并处于由零下上升至零上的过渡时期。温度的骤然升高,使得大量积雪从低山区逐渐向中高山区迅速融化,从而形成较大量级的洪水。如果冬季低山区降雪少,加之蒸发量又大,往往春季难以形成融雪洪水。随着温度的持续升高,零度等温线也急剧上升,处于零度等温线以下面积的积雪大量融化，从而形成融雪洪水。如果在此过程中还伴随有降雨，将形成混合型的融雪洪水。据统计，3 月份气温的高低与融雪洪水大小呈反相关关系，较大洪水都发生在3 月份气温较低的年份。温度低有利于抑制积雪融化，减少蒸发，使得积雪得以储蓄，提供了融雪洪水形成的基础。

4. 降水

玛纳斯河肯斯瓦特控制流域处于天山山区，气候寒冷，降水大部分为降雪。随着高程的逐渐增大，从低山带到高山带，降雪量占全年降水量的百分比是增加的，降雪期也是增加的。由于该流域位于南下气流的迎风坡，降水量多于背风坡，冬季和春季的降水量平原区多于山区，夏季和秋季的降水量山区多于平原区。降水量年内分布极不均匀，主要集中在6 至8 月份，占全年降水量的68%。由于垂直气候带的作用，降水量垂直分布规律明显，从山麓至中山带降水量递增率大，从中山带至高山带递增率小，最大的降水带位于中高山带，其降水量可达400～600 mm，随着高程的增加，年降水量呈抛物线分布。融雪期的降水主要表现为降雨的形式，汛期降雨有助于吸收积雪表层冷凝作用所产生的潜能，从而使得一定量的积雪融化，增加洪量；降雨融雪能使积雪表面反射率降低，使得吸收的小辐射增加，从而加速积雪融化；汛期降雨补充了积雪储量的不足，叠加在融雪洪水之上，使融雪洪水径流增大；另外，降雨还可以直接补给河流，从而增加融雪洪水径流。汛期降水加速了积雪的融化，促进了融雪洪水的形成，起到了补充水源、增加洪量的作用。

5. 下垫面条件

玛纳斯河肯斯瓦特以上流域下垫面条件较为复杂，是影响融雪洪水产汇流的主要因素。高山带主要为原生代岩层和古冰川作用的山地，山势陡峭，岩石裸露，冻融风化强烈，冰川地貌发育，有大量的冰碛物，植被为苔藓、高山草甸等。中山带为古生代地层，表层土壤较薄，其主要为森林土和黑钙土，阳坡为草甸和裸露的碎岩块，云杉、忍冬、金鸡儿等主要分布在阴坡。低山带主要为第二纪地层，其表面有砂岩、泥岩，土壤为棕钙土，植被为灌木及草地，植被退化，为河道主要的产沙区。冻土层的深度和融雪期的下渗率跟土壤含水量的大小相关，其影响着融雪洪水发生的时间和洪水总量的大小。温度低的年份，冻土深度较大，因而暮春时期，土壤解冻的进程也缓慢，致使融雪洪水的下渗损失也相应减少，地面产汇流速度加快，融雪洪水的流量也加大。

综上分析，玛纳斯河流域融雪洪水的发生是很多影响因素综合作用的结果。流域的地形地貌、流域规模等因素相对不会发生变化，但对融雪洪水的形成起到了积极的作用；而积雪状况、气温、降水以及下垫面条件等则是诱发融雪洪水的主要影响因子；再加之厄尔尼诺现象和拉尼娜现象等各种不可预测的偶然因素影响及全球气候变暖，使得雪线上移，玛纳斯河流域融雪洪水发生的强度增大，次数也增多。

## 2.5　本章小结

本章首先对流域气候变化特征和人类活动导致的土地利用类型变化进行分析，然后采用 Pettitt 非参数检验法和 Mann-Kendall 非参数趋势检验法对流域水文要素序列的变异进行诊断，并对其变异成因、洪水特性及其影响因素进行分析，其结论如下。

（1）肯斯瓦特控制流域 1957—2006 年年均气温总的变化趋势是升高的，春、夏、秋、冬四季平均气温总的变化趋势也均是升高的；年降水量总的变化呈下降减少的趋势，春、夏、秋三季的降水量在近 50 年间均呈下降减少的变化趋势，而冬季降水量则呈上升增加的变化趋势。肯斯瓦特控制流域 20 年间的各土地利用类型变化不大，人类活动对流域下垫面变化造成的影响较小。

(2) 年均气温、年蒸发量以及年径流量序列的变异点最可能发生的年份分别为 1979 年、1996 年和 1993 年，而年降水量序列没出现变异点。年均气温和年蒸发量序列均呈显著上升趋势；年降水量序列呈下降趋势，但下降趋势不显著；年径流量序列则呈上升趋势，上升趋势也不显著；年均气温、年蒸发量和年径流量子序列的趋势性均不显著，因此水文要素序列的非一致性主要以跳跃变异的形式表现出来。在 1990 年前后，肯斯瓦特控制流域内的下垫面变化不大，导致年径流量发生变异的主要原因为气候变化，而且最可能变异点为 1993 年是合理可靠的。

(3) 玛纳斯河融雪洪水以高温时期的冰川积雪融化为主，以降水补给为辅，其中暴雨融雪混合型洪水最具破坏性，其特征主要表现为：发生时间集中且持续时间长；洪峰不高，洪量大，峰型多变；起涨快，回落慢，日周期变化明显；呈片状发生。根据洪水不同的成因，洪水主要分为四种类型：融雪（冰）型洪水、暴雨型洪水、溃坝型洪水、暴雨融雪（冰）混合型洪水。影响融雪洪水的因素很多，除了流域的地形地貌、流域规模等相对不变的因素外，流域积雪状况、气温、降水及下垫面条件等对其产生直接影响，是影响融雪洪水的洪峰、洪量以及发生时间的主要因子。

# 第3章　环境变化下融雪洪水非一致性及影响因素分析

水文时间序列是在一定时期内气候变化、人类活动及自然地理环境等诸多因素共同作用的产物[88]，同时也反映了这些因素对其发生变化的影响程度。气候变化和水土保持措施、水利工程、城镇化建设等人类活动改变了流域的产汇流过程，使融雪洪水径流过程发生了变化，破坏了融雪洪水径流序列的一致性。若采用非一致性的融雪洪水特征时间序列对玛纳斯河的防洪进行规划设计和复核，将极有可能导致水利工程防洪风险和水资源利用的可靠性被严重低估或高估，将给玛纳斯河的防洪安全和水资源利用带来很大的风险，并使下游重要城市、主要交通干线和人民群众的生命财产安全及区域的供水安全得不到有利保护。因此，有必要对环境变化下的融雪洪水特性和融雪洪水频率进行分析计算，而检验融雪洪水特征时间序列的非一致性是进行融雪洪水特征序列变异驱动原因分析计算的基础。

在气候变化和人类活动综合影响下，融雪洪水特征时间序列在某个时间点，其前后子序列的统计规律发生了明显变异；或者整个时间序列的统计规律发生了明显上升或下降的趋势变化。因此，在进行融雪洪水特征时间序列的非一致性检验时，既要考虑跳跃变异，又要考虑子序列及全序列的趋势变异，并结合实际情况及物理成因进行综合分析。本章以肯斯瓦特水库控制流域1957—2006年入库年最大洪峰流量序列，年最大1日、3日、7日、15日及30日洪量序列及气候影响因子序列为基础数据资料，利用Pettitt非参数检验法和Mann-Kendall非参数趋势检验法分别对融雪洪水特征时间序列进行变异分析和趋势分析，并对气候影响因子序列与融雪洪水特征时间序列进行Kendall、Spearman秩相关分析及Pearson相关分析。

## 3.1　融雪洪水特征序列非一致性分析

### 3.1.1　融雪洪水特征序列变异分析

采用Pettitt非参数检验法，对玛纳斯河肯斯瓦特控制流域融雪洪水特征时间序列进行变异点检验，结果如图3.1所示。年最大洪峰流量序列可能发生变异的年份为1992、1993和1994年；年最大1日和3日洪量序列可能在1993、1995年发生变异；年最大7日和15日洪量序列可能在1992、1993和1995年发生变异；而年最大30日洪量可能发生变异的年份为1985、1992、1993、1994和1995年。取概率$P$值最大的变异点为最可能发生的变异点，因此年最大洪峰流量序列和年最大洪量序列的变异点均发生在1993年。

### 3.1.2　融雪洪水特征序列趋势分析

对融雪洪水特征时间序列进行自相关性分析，分析结果如图3.2所示，年最大洪峰流量

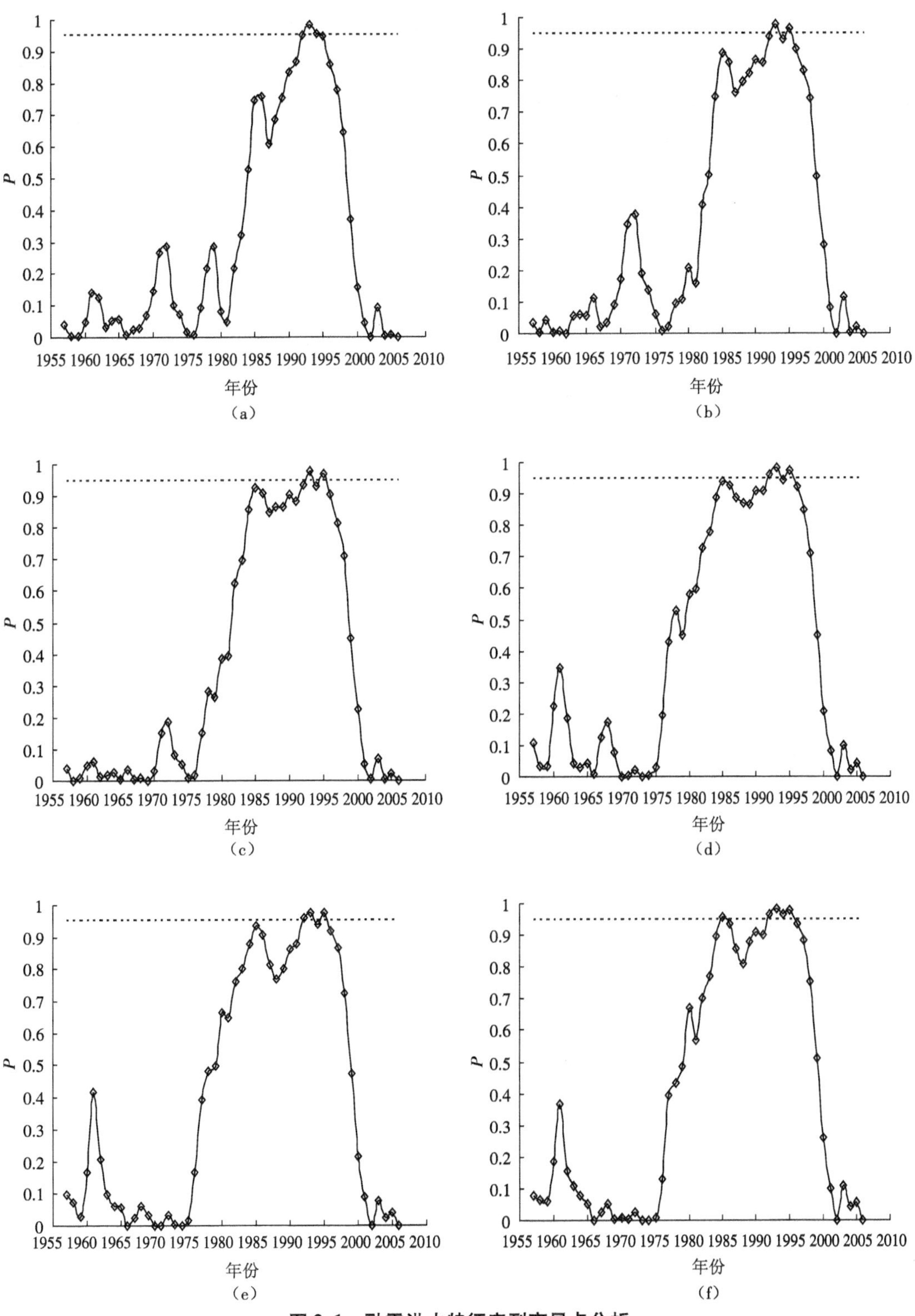


**图3.1 融雪洪水特征序列变异点分析**

(a)年最大洪峰流量序列 (b)年最大1日洪量序列 (c)年最大3日洪量序列 (d)年最大7日洪量序列 (e)年最大15日洪量序列 (f)年最大30日洪量序列

序列及年最大1日、3日和7日洪量序列的一阶自相关系数均在临界值范围之内，自相关性不显著，可直接用原序列进行Mann-Kendall非参数趋势检验；而年最大15日和30日洪量序列的一阶自相关性显著，采用预置白方法（见第2章2.2节）剔除其自相关性，然后再对新序列进行自相关性分析，新序列自相关性不显著（图3.3），最后对新序列再进行Mann-Kendall非参数趋势检验。

经Mann-Kendall非参数趋势检验法对流域融雪洪水特征序列进行分析，结果见表3.1。融雪洪水特征序列的统计量值均小于1.96，表明融雪洪水特征序列均未通过显著性趋势检验，变化趋势不显著。而年最大洪峰流量和年最大1日洪量子序列在1957—1993年的统计量值均小于-1.96，说明这两个子序列均通过了显著性趋势检验，并呈显著下降趋势；除此之外，其他融雪洪水特征子序列均未通过显著性趋势检验，变化趋势不显著。因此，融雪洪水特征序列的非一致性主要是以跳跃变异的形式表现出来。

由第2章2.1.2节的分析结论可知，在1990年前后，肯斯瓦特控制流域内的下垫面变化不大。因此，气候变化是导致融雪洪水特征序列发生变异的主要原因，而且最可能变异点为1993年是合理可靠的。

**表3.1 融雪洪水特征序列及其子序列趋势分析**

| 融雪洪水特征序列 | 变异点 | 序列时间 | U值 | 显著性 |
|---|---|---|---|---|
| 年最大洪峰流量序列 | 1993年 | 1957—2006 | 0.93 | 不显著 |
| | | 1957—1993 | -2.20 | 显著 |
| | | 1994—2006 | -1.28 | 不显著 |
| 年最大1日洪量序列 | 1993年 | 1957—2006 | 0.87 | 不显著 |
| | | 1957—1993 | -2.20 | 显著 |
| | | 1994—2006 | -0.92 | 不显著 |
| 年最大3日洪量序列 | 1993年 | 1957—2006 | 1.13 | 不显著 |
| | | 1957—1993 | -1.70 | 不显著 |
| | | 1994—2006 | -1.28 | 不显著 |
| 年最大7日洪量序列 | 1993年 | 1957—2006 | 1.50 | 不显著 |
| | | 1957—1993 | -1.20 | 不显著 |
| | | 1994—2006 | -1.53 | 不显著 |
| 年最大15日洪量序列 | 1993年 | 1957—2006 | 0.65 | 不显著 |
| | | 1957—1993 | -1.19 | 不显著 |
| | | 1994—2006 | -0.55 | 不显著 |
| 年最大30日洪量序列 | 1993年 | 1957—2006 | 0.94 | 不显著 |
| | | 1957—1993 | -1.19 | 不显著 |
| | | 1994—2006 | -0.43 | 不显著 |

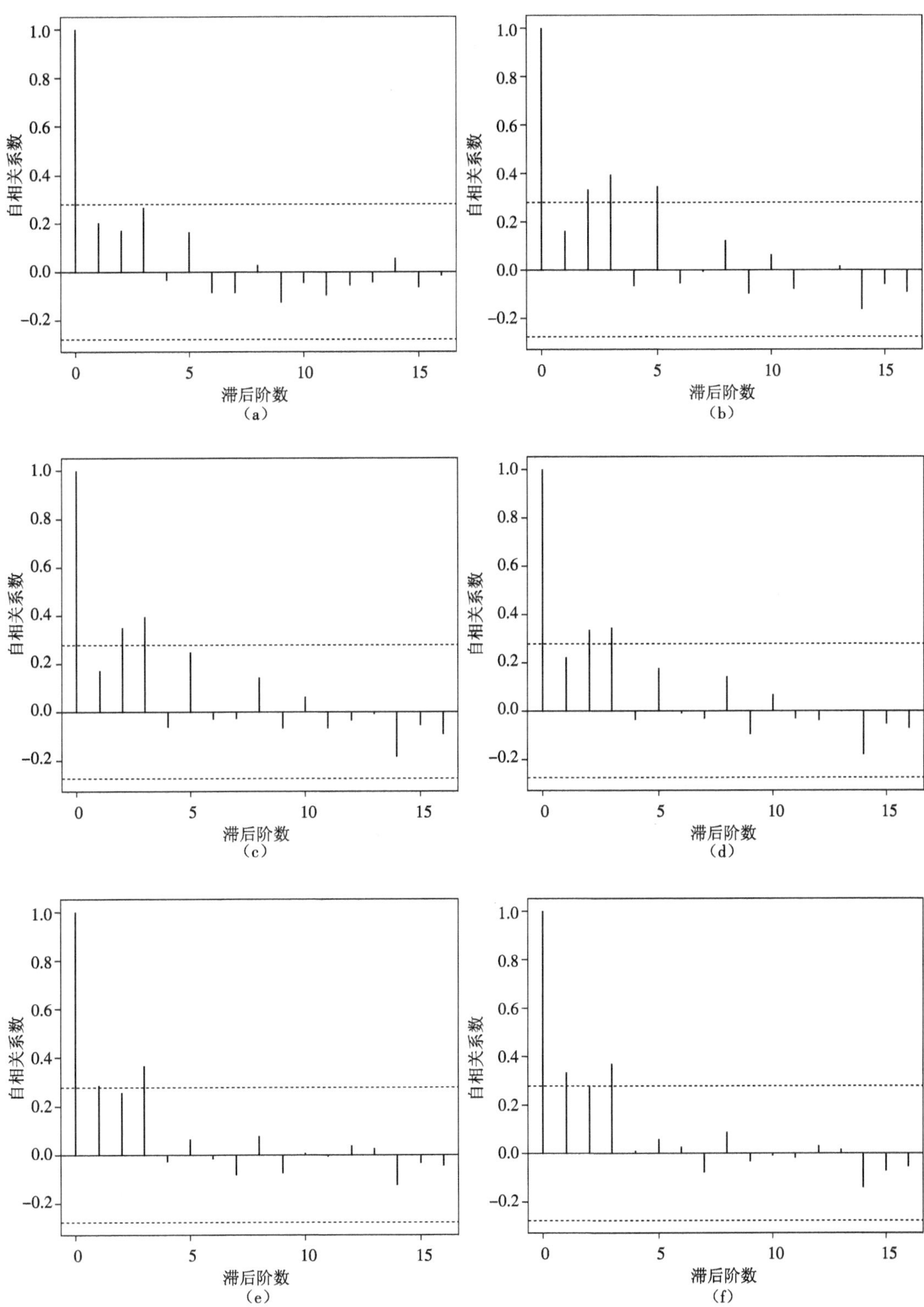


**图3.2　融雪洪水特征原序列自相关关系**

(a)年最大洪峰流量序列　(b)年最大1日洪量序列　(c)年最大3日洪量序列　(d)年最大7日洪量序列　(e)年最大15日洪量序列　(f)年最大30日洪量序列

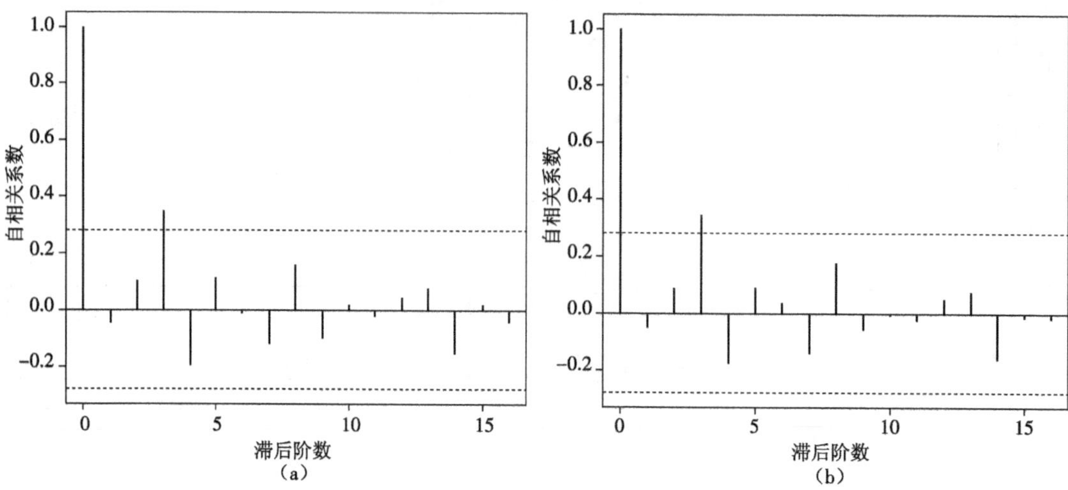


**图 3.3 年最大 15 日和 30 日洪量新序列自相关关系**

(a)年最大 15 日洪量序列 (b)年最大 30 日洪量序列

## 3.2 融雪洪水特征序列协变量非一致性分析

玛纳斯河融雪洪水主要以夏季高温时期的冰雪融水为主，以降水补给为辅，其主要发生在汛期的 7、8 月份。根据肯斯瓦特水文站控制流域 1957—2006 年的融雪洪水实测资料统计分析可知，历年年最大洪峰流量基本上均发生在 7、8 月份，仅 1976 年和 1984 年年最大洪峰流量出现在 6 月下旬；而降水量年内分布极其不均匀，主要集中在夏季(6—8 月)，占全年总降水量的 68%。气温和降水是产生融雪洪水的最根本原因，本书选取 7、8 月份气温的均值和洪峰出现之前的雨量(即前期影响雨量)作为融雪洪水特征时间序列的解释变量。为了选取与融雪洪水特征序列相关性最强的前期影响雨量，本书考虑了不同时段的前期影响雨量，对于年最大洪峰流量、年最大 1 日洪量、年最大 3 日洪量、年最大 7 日洪量、年最大 15 日洪量及年最大 30 日洪量，选取洪峰出现之前的 1 日、3 日、5 日、7 日、15 日及 30 日前期影响雨量。

### 3.2.1 融雪洪水特征序列协变量变异分析

对流域 7、8 月份气温均值序列，1 日、3 日、5 日、7 日、15 日及 30 日前期影响雨量序列采用 Pettitt 非参数检验法进行变异点检验，结果如图 3.4 所示。7、8 月份气温均值序列变异点发生在 1979 年；1 日、7 日、15 日及 30 日前期影响雨量序列均无变异点；3 日、5 日前期影响雨量序列变异点均发生在 1971 年。

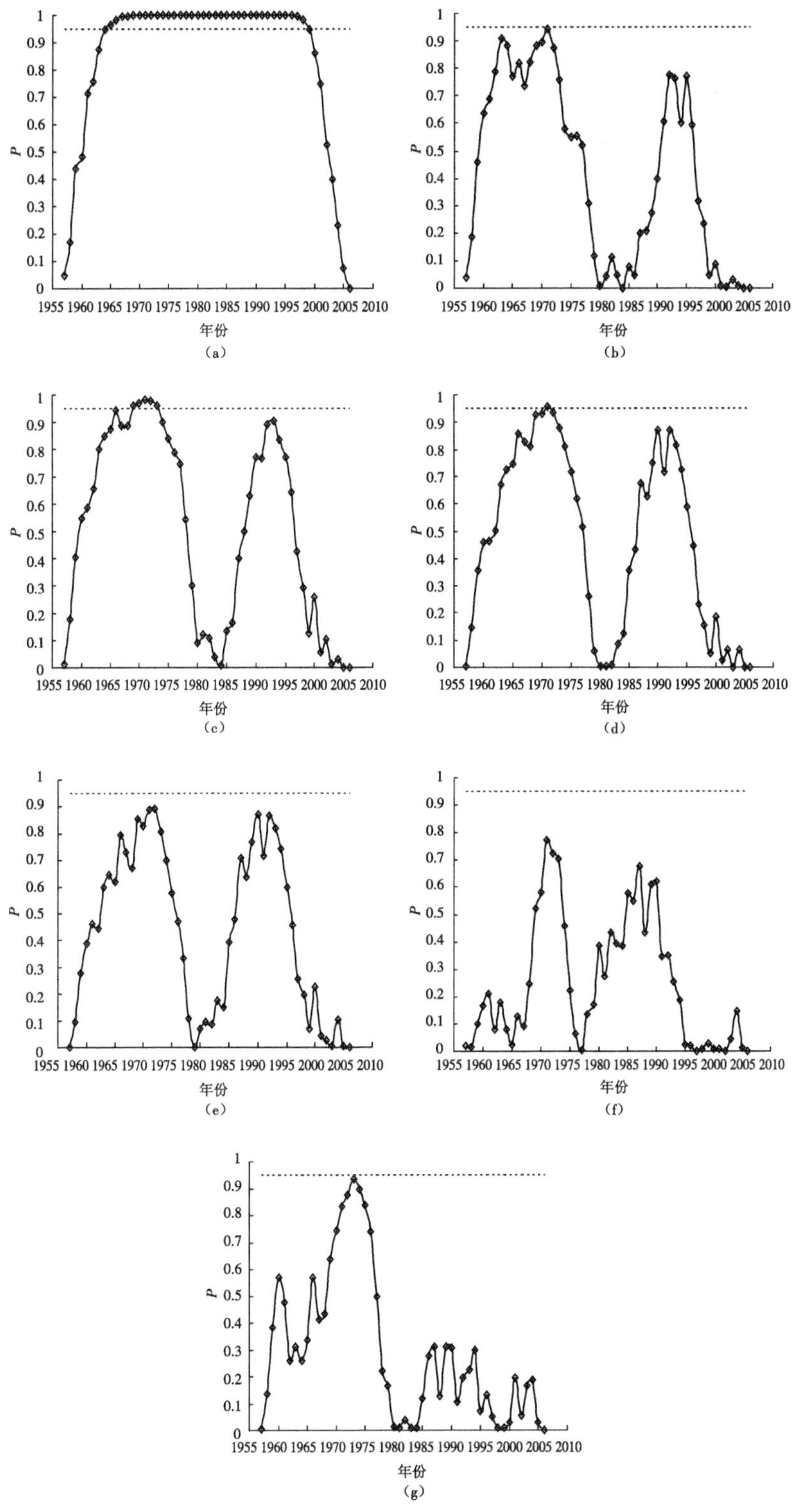


**图3.4　协变量序列变异点分析**

(a)气温均值序列　(b)1日前期影响雨量序列　(c)3日前期影响雨量序列　(d)5日前期影响雨量序列
(e)7日前期影响雨量序列　(f)15日前期影响雨量序列　(g)30日前期影响雨量序列

### 3.2.2 融雪洪水特征序列协变量趋势分析

对流域7、8月份气温均值序列,1日、3日、5日、7日、15日及30日前期影响雨量序列进行自相关性分析,分析结果如图3.5所示。1日、3日、5日、7日、15日及30日前期影响雨量序列的一阶自相关系数均在临界值范围之内,自相关性不显著,可直接用原序列进行Mann-Kendall非参数趋势检验。而7、8月份气温均值序列一阶自相关性显著,采用预置白方法剔除其自相关性,然后再对新序列进行自相关性分析,新序列自相关性不显著(图3.6),最后对新序列再进行Mann-Kendall非参数趋势检验。

经Mann-Kendall非参数趋势检验法对流域7、8月份气温均值序列,1日、3日、5日、7日、15日及30日前期影响雨量序列进行分析,其结果见表3.2。7、8月份气温均值序列通过了显著性检验,并且上升趋势显著;1日、3日、5日、7日、15日及30日前期影响雨量序列均未通过显著性检验,变化趋势不显著。而3日、5日前期影响雨量子序列在1972—2006年上升趋势均显著;其他协变量子序列变化趋势均不显著。因此,融雪洪水特征序列协变量的非一致性也主要是以跳跃变异的形式表现出来。

**表3.2 融雪洪水特征序列协变量及其子序列趋势分析**

| 协变量时间序列 | 变异点 | 时间序列 | $U$值 | 显著性 |
|---|---|---|---|---|
| 气温均值序列 | 1979年 | 1957—2006 | 3.53 | 显著 |
| | | 1957—1979 | 0.21 | 不显著 |
| | | 1980—2006 | 0.67 | 不显著 |
| 1日前期影响雨量序列 | 无 | 1957—2006 | -0.84 | 不显著 |
| 3日前期影响雨量序列 | 1971年 | 1957—2006 | -0.82 | 不显著 |
| | | 1957—1971 | -1.14 | 不显著 |
| | | 1972—2006 | 3.10 | 显著 |
| 5日前期影响雨量序列 | 1971年 | 1957—2006 | -0.67 | 不显著 |
| | | 1957—1971 | -0.94 | 不显著 |
| | | 1972—2006 | 2.83 | 显著 |
| 7日前期影响雨量序列 | 无 | 1957—2006 | -0.34 | 不显著 |
| 15日前期影响雨量序列 | 无 | 1957—2006 | 0.20 | 不显著 |
| 30日前期影响雨量序列 | 无 | 1957—2006 | -0.70 | 不显著 |

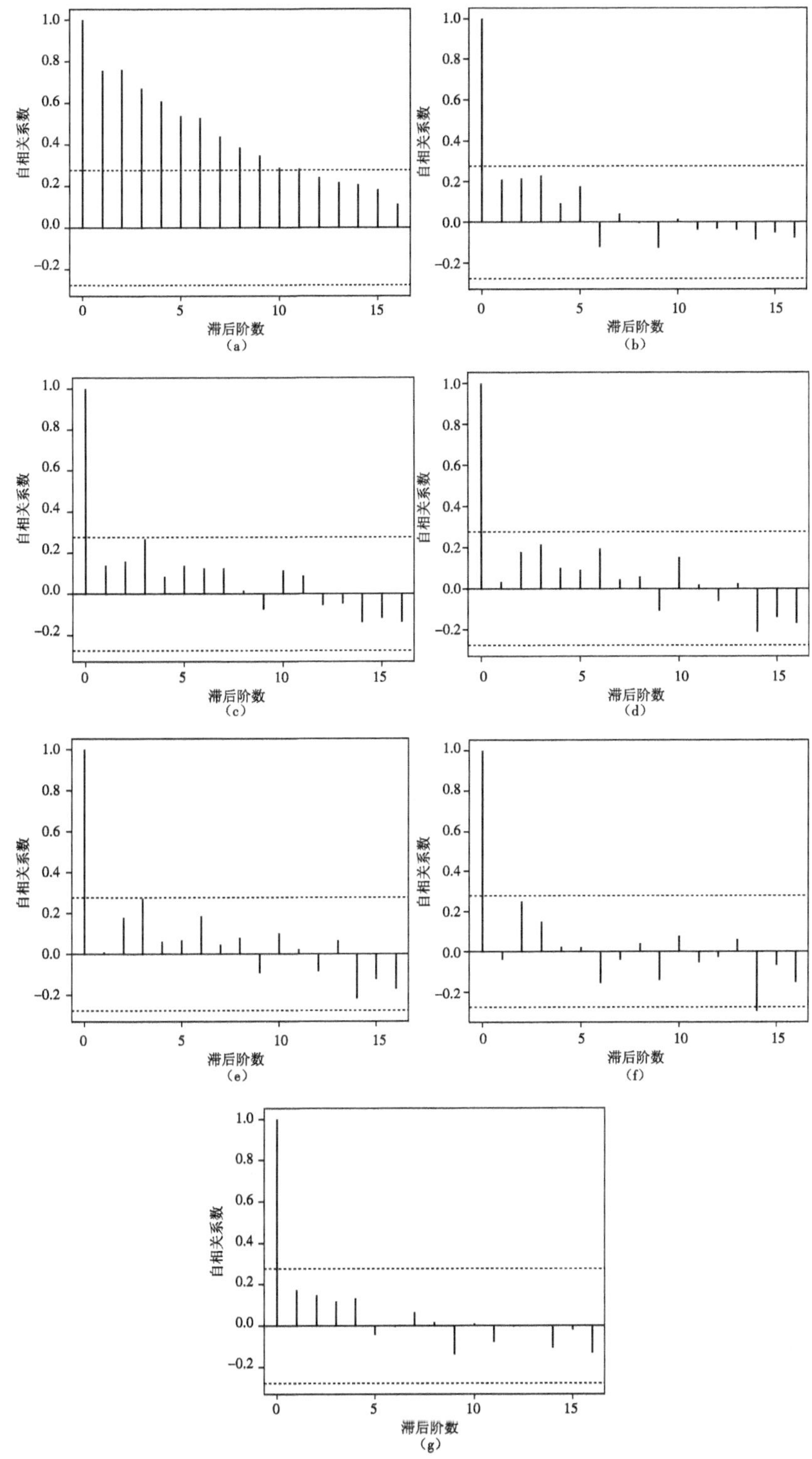


**图 3.5　协变量原序列自相关关系**

(a)气温均值序列　(b)1 日前期影响雨量序列　(c)3 日前期影响雨量序列　(d)5 日前期影响雨量序列
(e)7 日前期影响雨量序列　(f)15 日前期影响雨量序列　(g)30 日前期影响雨量序列

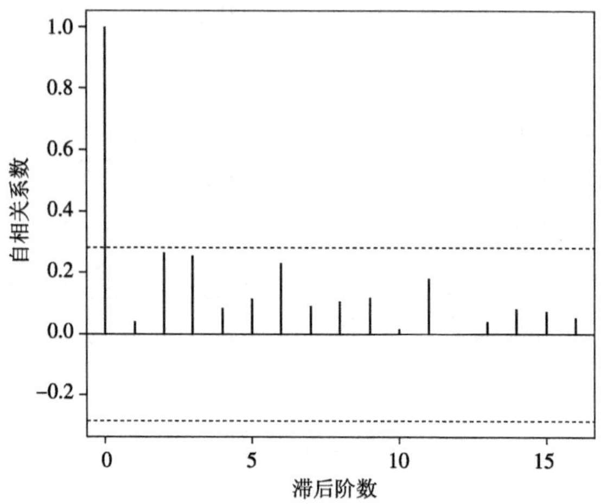


图 3.6 协变量气温均值新序列自相关关系

### 3.2.3 气候影响因子与融雪洪水特征序列相关分析

1. 气温均值序列与融雪洪水特征序列相关关系

对 7、8 月份气温均值序列与融雪洪水特征时间序列进行 Pearson 相关分析，其结果见表 3.3。由表 3.3 可知，气温均值序列与年最大洪峰流量、年最大洪量序列的相关系数在 0.3～0.5，并且所有的相关关系均能通过 $\alpha=0.05$ 的显著性检验，统计学上称为气温均值序列与年最大洪峰流量、年最大洪量序列具有中等相关关系，由于融雪洪水特征时间序列的非一致性并非全部都是由气温变化引起的，还有降雨、下垫面等其他因素的影响。因此，气温均值序列与融雪洪水特征序列呈中等相关关系，其结果是合理可靠的，气温均值序列可以作为融雪洪水特征时间序列的影响因子。

表 3.3 气温均值序列与融雪洪水特征序列的 Pearson 相关系数（$\alpha=0.05$）

| | 年最大洪峰流量 | 年最大 1 日洪量 | 年最大 3 日洪量 | 年最大 7 日洪量 | 年最大 15 日洪量 | 年最大 30 日洪量 |
|---|---|---|---|---|---|---|
| 相关系数 $t$ | 0.367 3 | 0.367 0 | 0.381 8 | 0.403 0 | 0.418 6 | 0.429 0 |
| $P$ 值 | 0.008 7 | 0.008 8 | 0.006 2 | 0.003 7 | 0.002 5 | 0.001 9 |

2. 前期影响雨量序列与融雪洪水特征序列相关关系

通过对不同天数前期影响雨量序列与融雪洪水特征序列进行 Kendall、Spearman 秩相关和 Pearson 相关分析，三种方法得出的结果基本一致，其相关关系 $\tau$ 见表 3.4。从表 3.4 中可发现，除了 15 日和 30 日前期影响雨量序列之外，其他天数前期影响雨量序列与融雪洪水特征时间序列的相关关系均较强，选取相关系数最大的前期影响雨量序列作为最优相关序列。年最大洪峰流量序列与 3 日前期影响雨量序列的相关关系最强，而年最大 1 日、3 日、7 日、15 日及 30 日洪量序列均与 1 日前期影响雨量序列的相关性最好，并且所有的相关关系都能通过 $\alpha=0.05$ 的显著性检验。1 日前期影响雨量序列与年最大 1 日、3 日洪量序列的相关系数均在 0.5 ~ 1.0,呈强相关关系;而 1 日前期影响雨量序列与年最大 7 日、15 日、30 日洪量序列以及 3 日前期影响雨量序列与年最大洪峰流量序列的相关系数均在 0.3 ~ 0.5,呈中等相关关系。因此,选择这两组(1 日前期影响雨量序列和 3 日前期影响雨量序列)与融雪洪水特征时间序列相关关系最强的前期影响雨量序列分别作为融雪洪水特征时间序列的影响因子。

**表 3.4　前期影响雨量序列与融雪洪水特征序列相关系数($\alpha$ = 0.05)**

| | 前期影响雨量 | | 年最大洪峰流量 | 年最大 1 日洪量 | 年最大 3 日洪量 | 年最大 7 日洪量 | 年最大 15 日洪量 | 年最大 30 日洪量 |
|---|---|---|---|---|---|---|---|---|
| Kendall 相关系数 | 1 日 | $\tau$ | 0.297 2 | **0.419 5** | **0.369 9** | **0.308 0** | **0.270 5** | **0.270 5** |
| | | P 值 | 0.003 1 | **0.000 0** | **0.000 2** | **0.002 2** | **0.007 0** | **0.007 0** |
| | 3 日 | $\tau$ | **0.311 7** | 0.379 6 | 0.326 3 | 0.270 8 | 0.239 3 | 0.264 1 |
| | | P 值 | **0.001 6** | 0.000 1 | 0.001 0 | 0.006 1 | 0.015 4 | 0.007 5 |
| | 5 日 | $\tau$ | 0.252 2 | 0.301 6 | 0.252 0 | 0.217 4 | 0.200 0 | 0.218 1 |
| | | P 值 | 0.010 4 | 0.002 2 | 0.010 4 | 0.027 0 | 0.041 8 | 0.026 5 |
| | 7 日 | $\tau$ | 0.239 3 | 0.277 1 | 0.237 5 | 0.209 5 | 0.198 8 | 0.213 6 |
| | | P 值 | 0.014 8 | 0.004 8 | 0.015 5 | 0.032 7 | 0.042 7 | 0.029 5 |
| | 15 日 | $\tau$ | 0.147 1 | 0.196 2 | 0.179 7 | 0.129 0 | 0.077 6 | 0.111 8 |
| | | P 值 | 0.132 1 | 0.044 7 | 0.065 7 | 0.186 3 | 0.426 8 | 0.251 8 |
| | 30 日 | $\tau$ | 0.158 8 | 0.207 9 | 0.189 8 | 0.144 0 | 0.134 9 | 0.156 2 |
| | | P 值 | 0.104 6 | 0.033 6 | 0.052 3 | 0.140 9 | 0.167 5 | 0.110 1 |
| Spearman 相关系数 | 1 日 | $\tau$ | 0.428 0 | **0.578 9** | **0.517 1** | **0.447 4** | **0.402 0** | **0.398 6** |
| | | P 值 | 0.001 9 | **0.000 0** | **0.000 1** | **0.001 1** | **0.003 8** | **0.004 1** |
| | 3 日 | $\tau$ | **0.430 2** | 0.532 6 | 0.470 2 | 0.407 8 | 0.364 5 | 0.396 7 |
| | | P 值 | **0.001 8** | 0.000 1 | 0.000 6 | 0.003 3 | 0.009 3 | 0.004 3 |
| | 5 日 | $\tau$ | 0.358 1 | 0.432 3 | 0.377 4 | 0.324 9 | 0.307 0 | 0.331 1 |
| | | P 值 | 0.010 7 | 0.001 7 | 0.006 9 | 0.021 3 | 0.030 1 | 0.018 8 |
| | 7 日 | $\tau$ | 0.345 8 | 0.415 7 | 0.371 4 | 0.319 5 | 0.300 1 | 0.317 9 |
| | | P 值 | 0.013 9 | 0.002 7 | 0.007 9 | 0.023 7 | 0.034 2 | 0.024 5 |
| | 15 日 | $\tau$ | 0.238 2 | 0.311 8 | 0.279 7 | 0.216 3 | 0.155 0 | 0.193 0 |
| | | P 值 | 0.095 8 | 0.027 5 | 0.049 1 | 0.131 4 | 0.282 6 | 0.179 3 |
| | 30 日 | $\tau$ | 0.242 1 | 0.289 7 | 0.263 0 | 0.209 0 | 0.199 6 | 0.234 9 |
| | | P 值 | 0.090 3 | 0.041 3 | 0.065 0 | 0.145 3 | 0.164 5 | 0.100 6 |

续表

| | 前期影响雨量 | | 年最大洪峰流量 | 年最大1日洪量 | 年最大3日洪量 | 年最大7日洪量 | 年最大15日洪量 | 年最大30日洪量 |
|---|---|---|---|---|---|---|---|---|
| Pearson相关系数 | 1日 | $\tau$ | **0.435 7** | **0.592 3** | **0.537 6** | **0.484 0** | **0.422 0** | **0.389 3** |
| | | $P$值 | **0.001 6** | **0.000 0** | **0.000 1** | **0.000 4** | **0.002 3** | **0.005 2** |
| | 3日 | $\tau$ | 0.349 8 | 0.453 0 | 0.393 2 | 0.349 5 | 0.282 7 | 0.278 4 |
| | | $P$值 | 0.012 8 | 0.001 0 | 0.004 7 | 0.012 8 | 0.046 7 | 0.050 2 |
| | 5日 | $\tau$ | 0.280 9 | 0.381 1 | 0.324 8 | 0.285 7 | 0.226 8 | 0.234 4 |
| | | $P$值 | 0.048 2 | 0.006 3 | 0.021 4 | 0.044 3 | 0.113 3 | 0.101 4 |
| | 7日 | $\tau$ | 0.286 9 | 0.364 0 | 0.311 0 | 0.273 0 | 0.224 0 | 0.234 5 |
| | | $P$值 | 0.043 4 | 0.009 4 | 0.028 0 | 0.055 1 | 0.117 9 | 0.101 1 |
| | 15日 | $\tau$ | 0.190 1 | 0.288 0 | 0.229 1 | 0.195 0 | 0.155 4 | 0.165 8 |
| | | $P$值 | 0.186 0 | 0.042 6 | 0.109 5 | 0.174 7 | 0.281 2 | 0.250 0 |
| | 30日 | $\tau$ | 0.181 4 | 0.238 9 | 0.186 3 | 0.170 5 | 0.172 9 | 0.193 1 |
| | | $P$值 | 0.207 4 | 0.094 7 | 0.195 1 | 0.236 5 | 0.229 8 | 0.179 2 |

## 3.3 本章小结

本章利用 Pettitt 非参数检验法和 Mann-Kendall 非参数趋势检验法对肯斯瓦特水库入库年最大洪峰流量序列和年最大 1 日、3 日、7 日、15 日及 30 日洪量序列进行变异分析和趋势检验，结合物理成因分析，确定融雪洪水特征时间序列的变异形式。对融雪洪水特征时间序列协变量进行变异和趋势分析，并对气候影响因子序列与融雪洪水特征时间序列进行 Kendall、Spearman 秩相关和 Pearson 相关分析，得出以下结论。

(1)考虑融雪洪水特征时间序列长度的限制及检验概率 $P$ 值最大的情况下，取 1993 年为年最大洪峰流量序列和年最大洪量序列最可能发生变异的年份。融雪洪水特征序列整体变化趋势均不显著；在 1957—1993 年年最大洪峰流量和年最大 1 日洪量的两个子序列均呈显著下降趋势，而其他融雪洪水特征子序列变化趋势均不显著。融雪洪水特征序列的非一致性主要是以跳跃变异的形式表现出来。结合第 2 章 2.1.2 节结论可知，气候变化是导致融雪洪水特征序列发生变异的主要原因，最可能的变异点为 1993 年是合理可靠的。

(2)气温均值序列变异点发生在 1979 年，1 日、7 日、15 日及 30 日前期影响雨量序列均无变异点，3 日、5 日前期影响雨量序列变异点均发生在 1971 年。气温均值序列上升趋势显著，1 日、3 日、5 日、7 日、15 日及 30 日前期影响雨量序列变化趋势均不显著；在 1972—2006 年 3 日、5 日前期影响雨量子序列上升趋势均显著，其他协变量子序列变化趋势均不显著。融雪洪水特征序列协变量的非一致性也主要是以跳跃变异的形式表现出来。

(3)气温均值序列与融雪洪水特征序列呈中等相关关系，气温均值序列可以作为融雪洪水特征序列的影响因子。1 日前期影响雨量序列与年最大 1 日、3 日洪量序列的相关系数均在 0.5 ~ 1.0，呈强相关关系；而 1 日前期影响雨量序列与年最大 7 日、15 日、30 日洪量序列以及 3 日前期影响雨量序列与年最大洪峰流量序列的相关系数均在 0.3 ~ 0.5，呈中等相关关系。选择 1 日、3 日前期影响雨量序列作为融雪洪水特征序列的影响因子。

# 第4章　环境变化对非一致性融雪洪水径流过程影响程度分析

气候变化已成为人们普遍关注的全球问题，随着气候变化和人类活动加剧，水资源短缺已成为世界性的问题[89-91]。降水是河川径流的根本来源，河川径流是气候条件与流域下垫面综合作用的产物，径流不仅受人类活动的影响，也受气候变化的影响[92-93]。天山是中亚地区冰冻圈对全球变化反应最为敏感的地区[94]，高山区的雪冰融水和降水是肯斯瓦特水文站的主要径流水源。玛纳斯河作为天山北坡水量最大的河流，近年来一直受到许多学者的关注，徐素宁等[94]研究了近50年来玛纳斯河流量变化对气候变化的响应。唐湘玲等[95]分析了玛纳斯河流域降水及径流变化与人类活动的关系，表明玛纳斯河流域径流变化与降水变化有密切的正相关，与气温变化的关系较为复杂。有关玛纳斯河流域径流量变化及影响因素的研究成果相对较少，而且基本上都是定性的分析。因此，分析玛纳斯河流域融雪洪水径流量变化规律及其影响因素，定量评估气候变化和人类活动对融雪洪水径流量的影响程度，对流域水资源的合理配置和生态建设具有重要的意义。

本书基于肯斯瓦特控制流域水文气象数据资料，利用线性回归、滑动平均、Mann-Kendall非参数秩次检验法及累积距平等方法，分析流域融雪洪水径流和气候变化特征，并确定融雪洪水径流量、降雨量及蒸发量的突变年份；采用统计分析法和累积量斜率变化率比较法，分析累积融雪洪水径流量、降雨量及蒸发量与年份间的关系，并定量分析流域气候变化和人类活动对融雪洪水径流量的影响程度。

## 4.1　研究方法

玛纳斯河肯斯瓦特水文站于1954年建站，是玛纳斯河干、支流汇合后的出山口控制站，海拔约910 m，控制流域面积为4 637 $km^2$。本书研究采用线性回归、趋势分析、滑动平均、Mann-Kendall突变检验（详见第2章2.1.1节）和累积距平等方法[96-98]。在判断突变年份时用到了Mann-Kendall突变检验和累积距平法，其中累积距平法是由曲线直观判断离散数据点变化趋势的一种非线性统计方法，对于时间序列$X$，在某一时刻$t$的累积距平表示为

$$\hat{X}_t = \sum_{t=1}^{t} (x_i - \bar{x}) \quad (t = 1, 2, \cdots, n) \tag{4.1}$$

式中：$\bar{x} = \frac{1}{n}\sum_{i=1}^{n} x_i$。

累积距平法主要用于判断离散数据对其均值的离散程度，如果累积距平值增大，表明离散数据大于其平均值，反之则小于其平均值。如果曲线由以上两个部分组成，则可以判断出曲线变化趋势的拐点。

影响融雪洪水径流变化的气候因素主要有降雨量和气温，降雨量的变化直接导致流域产流量的变化，而对于积雪融水补给的河流来说，气温的变化不仅直接导致融雪洪水径流量的变化，还会影响蒸发量从而导致融雪洪水径流量的变化。本文主要探讨降雨量、蒸发

量和人类活动等对融雪洪水径流量变化的影响。目前,定量评估径流量变化的方法主要采用多元统计法,但各影响因素之间的相关系数较小时,会影响研究结果的精度,并且各影响因素的权重在赋值时会存在很大的人为性,这也会导致研究结果出现偏差。而在累积量斜率变化率研究方法中,年份是客观的,累积量在一定程度上消除了实测数据年际波动的影响。因此,本文就采用累积量斜率变化率比较法,定量分析各影响因素对融雪洪水径流量的贡献率。

累积量斜率变化率方法是王随继等[99-102]在黄河中游皇甫川流域径流量变化及其影响因素的贡献率研究中提出的。其原理为,如果径流量变化只受到降雨量变化的影响,那么累积径流量与年份相关关系的斜率变化率应该等于累积降雨量与年份相关关系的斜率变化率,降雨量变化对径流量变化的贡献率为100%;如果累积径流量的斜率在变化,而降雨量的斜率不变,降雨量变化对径流量变化的贡献率则为0;无论其他因素影响程度如何,降雨量变化对径流量变化的贡献率总是等于累积降雨量斜率变化率与累积径流量斜率变化率的比值。降雨量变化对径流量变化的贡献率确定之后,就可以分析其他影响因素的贡献率了。气温变化对径流量变化的贡献率等于累积蒸发量斜率变化率与累积径流量斜率变化率的比值。而人类活动对径流量变化的贡献率等于除了降雨量、蒸发量总贡献率之外的部分。根据累积量斜率变化率比较方法[98-99],假设累积融雪洪水径流量的年份线性关系式的斜率在拐点前后两个时期分别为$S_{Rb}$和$S_{Ra}$(单位:mm/a);累积降雨量的年份线性关系式的斜率在拐点前后两个时期分别为$S_{Pb}$和$S_{Pa}$(单位:mm/a);累积蒸发量的年份线性关系式的斜率在拐点前后两个时期分别为$S_{Eb}$和$S_{Ea}$(单位:mm/a);则累积融雪洪水径流量斜率变化率$R_{SR}$(单位:%)为

$$R_{SR} = (S_{Ra} - S_{Rb})/S_{Rb} = |S_{Ra}/S_{Rb}| - 1 \tag{4.2}$$

累积降雨量斜率变化率$R_{SP}$(单位:%)为

$$R_{SP} = (S_{Pa} - S_{Pb})/S_{Pb} = |S_{Pa}/S_{Pb}| - 1 \tag{4.3}$$

累积蒸发量斜率变化率$R_{SE}$(单位:%)为

$$R_{SE} = (S_{Ea} - S_{Eb})/S_{Eb} = |S_{Ea}/S_{Eb}| - 1 \tag{4.4}$$

式中:$R_{SR}$、$R_{SP}$、$R_{SE}$为正数表示斜率增大,为负数表示斜率减少。

降雨量变化对融雪洪水径流量变化的贡献率$C_P$(单位:%)可表示为

$$C_P = R_{SP}/R_{SR} = (|S_{Pa}/S_{Pb}| - 1)/(|S_{Ra}/S_{Rb}| - 1) \tag{4.5}$$

蒸发量变化对融雪洪水径流量变化的贡献率$C_E$(单位:%)可表示为

$$C_E = R_{SE}/R_{SR} = (|S_{Ea}/S_{Eb}| - 1)/(|S_{Ra}/S_{Rb}| - 1) \tag{4.6}$$

人类活动对融雪洪水径流量变化的贡献率$C_H$(单位:%)可表示为

$$C_H = 1 - C_P - C_E \tag{4.7}$$

## 4.2　气候影响因子分析

### 4.2.1　融雪洪水径流量及气候影响因子变化特征

玛纳斯河肯斯瓦特水文站1955—2010年融雪洪水径流量年际变化趋势以及5年滑动

平均值变化特征如图 4.1(a)所示，年融雪洪水径流量总体上有比较明显的线性增加趋势。在 1955—1977 年波动幅度较小且有先增加后减少的趋势，1978—1985 年波动幅度较小，在 1986—1995 年呈先增加后减少的波动变化，自 1996 年起呈大幅增加且有振荡回落趋势。

该水文站年降雨量总体线性增加趋势比较明显，如图 4.1(b)所示。在 1955—1965 年波动幅度较大且有先增加后减少的趋势，1966—1977 年呈先波动增加后减少，在 1977 年达到最小值，从 1978 年起呈波动增加的变化趋势。

该水文站年蒸发量在 1978—2010 年具有较大的波动变化，且总体上增加趋势比较显著，如图 4.1(c)所示。

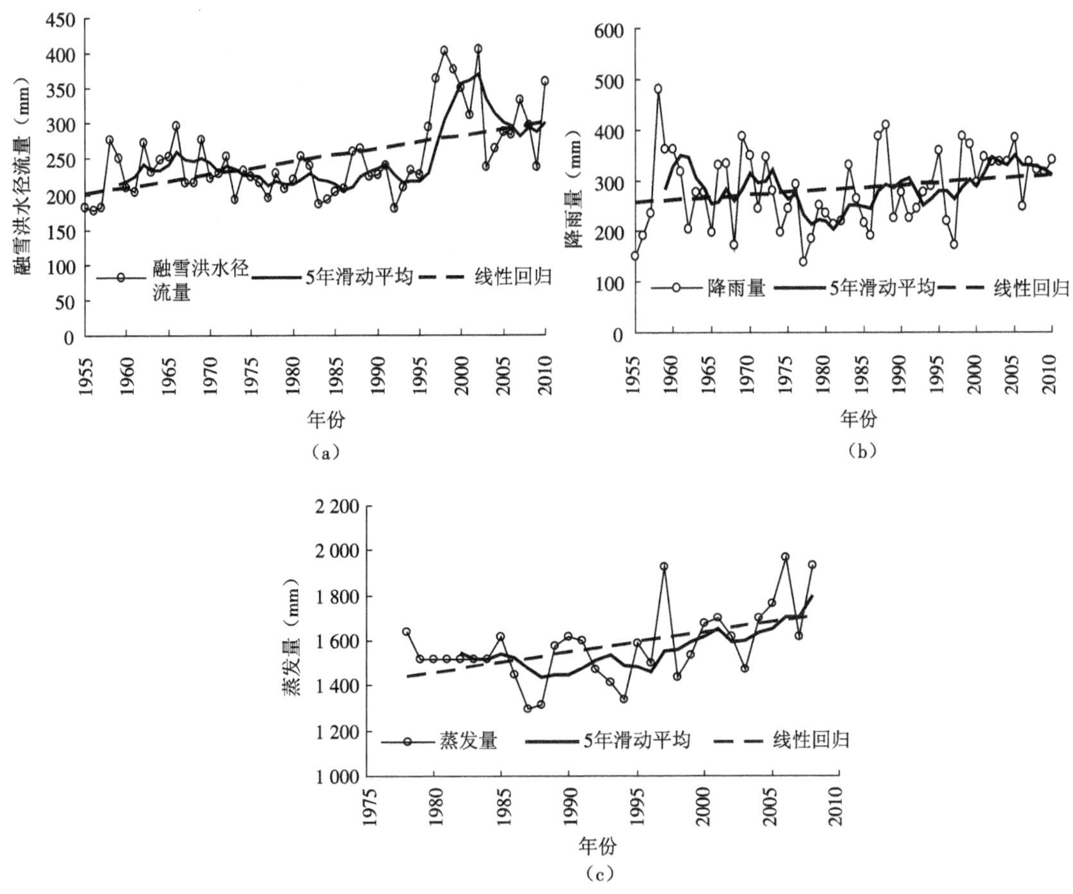


**图 4.1　肯斯瓦特水文站水文气象变化特征**

### 4.2.2　融雪洪水径流量及气候影响因子突变年份分析

1. 融雪洪水径流量突变年份

利用 Mann-Kendall 秩次检验方法分析肯斯瓦特水文站融雪洪水径流量的趋势变化，求出各时间序列的 $UF_k$ 和 $UB_k$ 值。通过 Mann-Kendall 秩次检验法估算出融雪洪水径流量统计值，如图 4.2(a)所示。从图 4.2 可以看出，肯斯瓦特水文站 1955—1966 年上升趋势显著；1967—1995 年 $UF_k$ 曲线呈不规则的周期波动，变化趋势不显著；但在 1996—2010 年上升趋势明显。而通过累积距平法分析 1955—2010 年融雪洪水径流量的变化时，在 1995 年前后融雪洪水径流量累积距平分布呈先减少后增大的趋势，如图 4.2(b)所示。显然，该时期融雪洪水径流量发生突变的年份为 1995 年，这与 Mann-Kendall 秩次检验法分析结果是一致的。

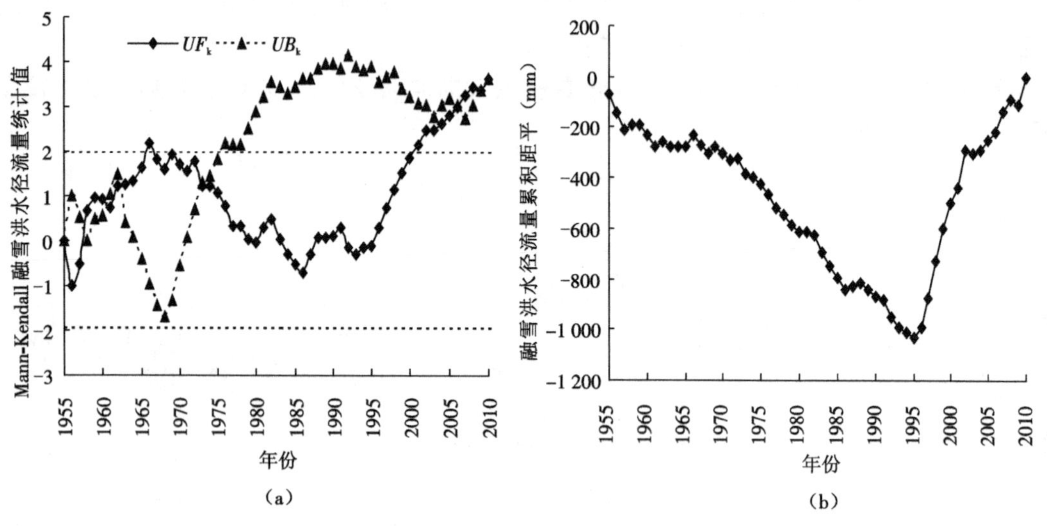


**图 4.2 肯斯瓦特水文站融雪洪水径流量突变分析**

2. 降雨量突变年份

从图 4.3(a)可以看出，肯斯瓦特水文站降雨量 1955—1958 年上升趋势明显；1959—1997 年 $UF_k$ 曲线呈不规则的周期波动，变化趋势不显著；但在 1998—2010 年上升趋势明显。而通过累积距平法分析 1955—2010 年降雨量累积距平的变化时，在 1997 年前后降雨量累积距平分布呈先减少后增大的趋势，如图 4.3(b)所示。显然，该时期降雨量发生突变的年份为 1997 年，这与 Mann-Kendall 秩次检验法分析结果具有一致性。

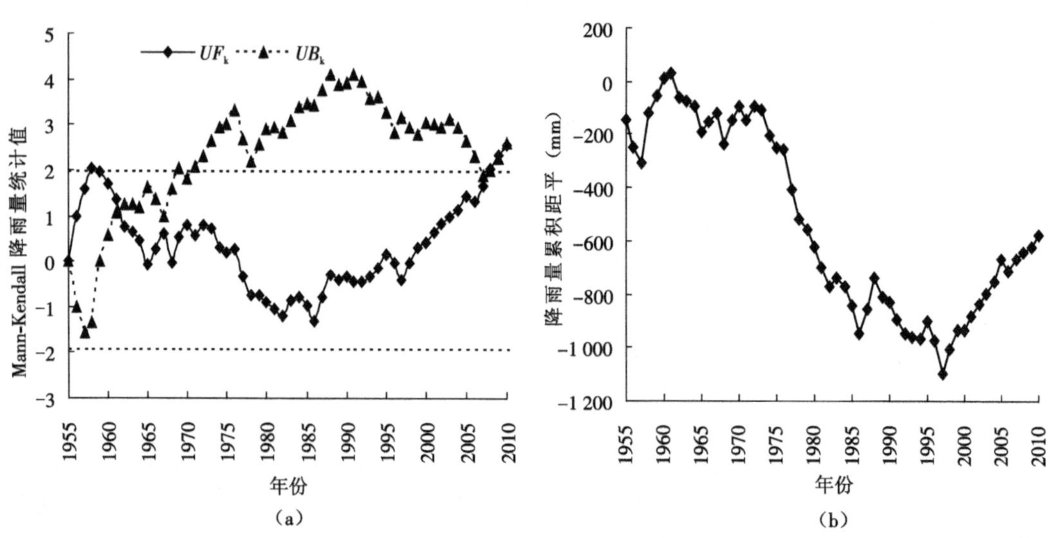


**图 4.3 肯斯瓦特水文站降雨量突变分析**

3. 蒸发量突变年份

从图 4.4(a)可以看出，肯斯瓦特水文站蒸发量 1978—1996 年下降趋势明显；而 1997—2010 年上升趋势明显。通过累积距平法分析 1978—2008 年蒸发量累积距平的变化时，在 1996 年前后蒸发量累积距平分布呈先减少后增大的趋势，如图 4.4(b)所示。显然，该时期蒸发量发生突变的年份为 1996 年，这与 Mann-Kendall 秩次检验法分析结果一致。

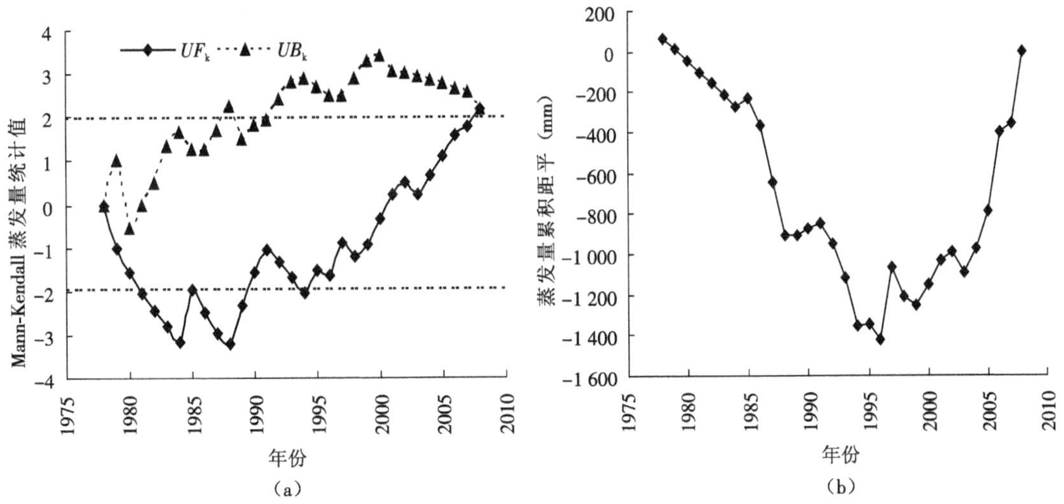


**图 4.4　肯斯瓦特水文站蒸发量突变分析**

## 4.3　环境变化对融雪洪水径流量变化的贡献率

### 4.3.1　融雪洪水径流量及气候影响因子与年份之间关系

由融雪洪水径流量变化的拐点(1995 年)可以将肯斯瓦特水文站融雪洪水径流量的变化划分为两个不同时期：$B_R$(1955—1995 年)和 $A_R$(1996—2010 年)。通过图 4.5(a)可以分别拟合出两个时期的累积融雪洪水径流量($Y$)与年份($X$)之间的关系，即

$$Y_{B_R} = 228.17R_{B_R} - 445\ 861 \tag{4.8}$$

$$Y_{A_R} = 314.84R_{A_R} - 618\ 694 \tag{4.9}$$

式中：相关系数 $R_{B_R} = 0.999$，$R_{A_R} = 0.998$。

由降雨量变化的拐点(1997 年)可以将肯斯瓦特水文站降雨量的变化划分为两个不同时期：$B_P$(1955—1997 年)和 $A_P$(1998—2010 年)。通过图 4.5(b)可以分别拟合出两个时期的累积降雨量($Y$)与年份($X$)之间的关系，即

$$Y_{B_P} = 268.35X_{B_P} - 524\ 232 \tag{4.10}$$

$$Y_{A_P} = 329.14X_{A_P} - 645\ 639 \tag{4.11}$$

式中：相关系数 $R_{B_P} = 0.999$，$R_{A_P} = 0.999$。

由蒸发量变化的拐点(1996 年)可以将肯斯瓦特水文站蒸发量的变化划分为两个不同

时期：$B_E$(1978—1996 年)和 $A_E$(1997—2010 年)。通过图 4.5(c)可以分别拟合出两个时期的累积蒸发量($Y$)与年份($X$)之间的关系，即

$$Y_{B_E}=1\ 490.2X_{B_E}-3\ 000\ 000 \tag{4.12}$$

$$Y_{A_E}=1\ 670.3X_{A_E}-3\ 000\ 000 \tag{4.13}$$

式中：相关系数 $R_{B_E}=0.999$，$R_{A_E}=0.999$。

分别对年份与累积融雪洪水径流量、年份与累积降雨量、年份与累积蒸发量在两个不同时期进行线性回归分析(图 4.5)，上述各拟合关系式的相关系数 $R$ 都大于 0.99，而且均通过了显著性检验，表明相关性非常高。因此，采用年份与相关累积量之间的关系式来计算各参数的变化率。

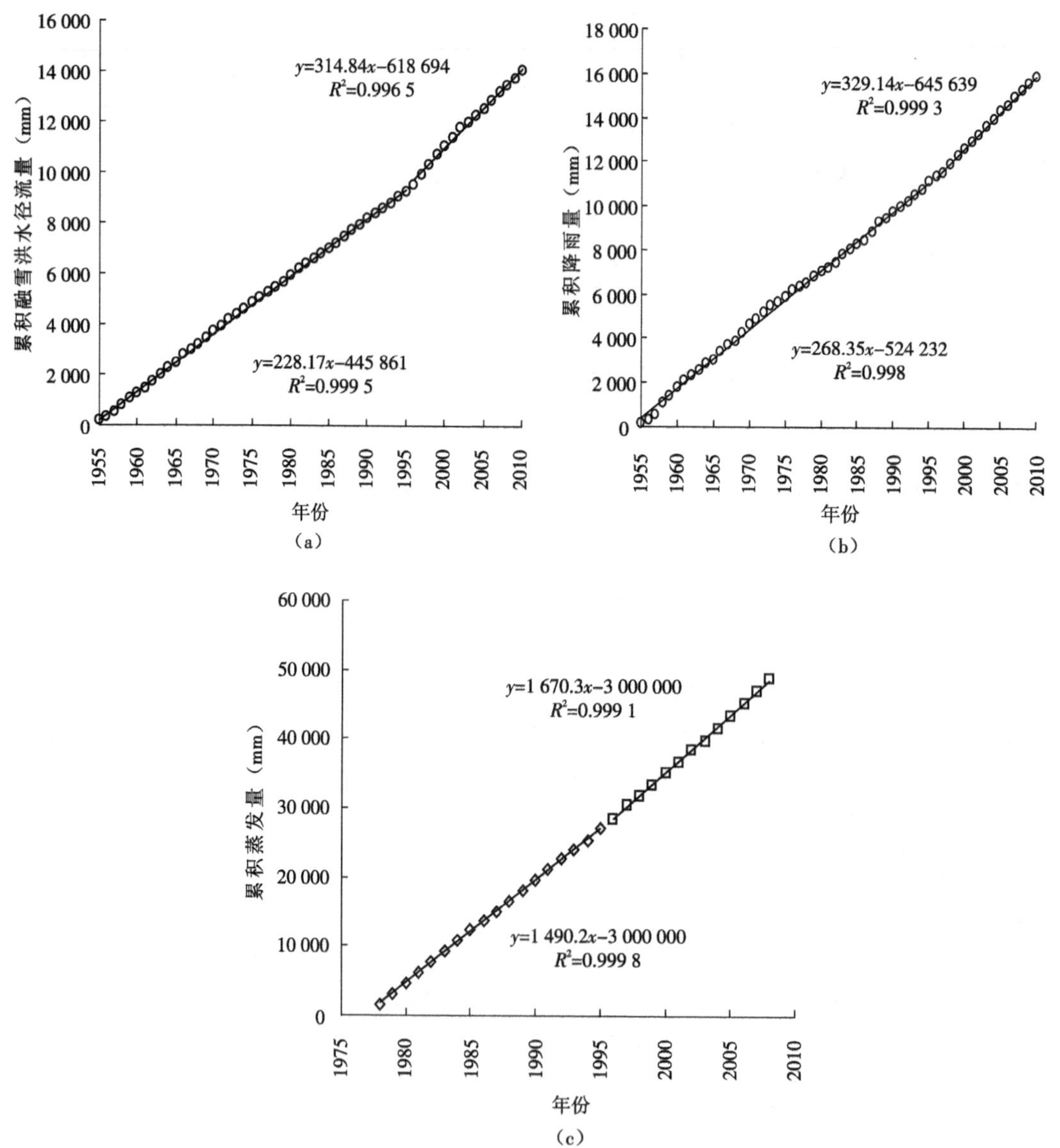


**图 4.5 肯斯瓦特水文站水文气象累积变量与年份关系**

### 4.3.2　气候影响因子及人类活动对融雪洪水径流量的影响分析

为了评价气候变化和人类活动对融雪洪水径流量的影响，首先要划分人类活动影响较小的天然时期和人类活动影响较大的人为时期，然后对这两个时期的融雪洪水径流量进行比较。天然时期和人为时期的划分通过分析融雪洪水径流演变的阶段性来判定。采用 Mann-Kendall 非参数秩次检验法和累积距平法，对肯斯瓦特水文站 1955—2010 年的实测资料进行突变分析，发现在 1995 年融雪洪水径流发生了突变，而降雨量和蒸发量的突变点分别为 1997 年和 1996 年。为了时段的一致性，计算时统一采用融雪洪水径流量的突变年份。1995 年之前肯斯瓦特站控制流域融雪洪水径流量变化主要受气候变化的影响，可看作基准期。1995 年以后，人类活动的影响逐渐显现，融雪洪水径流量的变化除了受到气候变化的影响外，还叠加了人类活动的影响。根据突变分析，肯斯瓦特水文站控制流域融雪洪水径流的演化过程分为两个时期，即 $B_R$(1955—1995 年)和 $A_R$(1996—2010 年)。

$A_R$ 与 $B_R$ 时期相比，累积融雪洪水径流量在年份线性关系式的斜率增加了 86.67 mm/a，增加了 37.98%，见表 4.1，这是降雨量增加、蒸发量增加和人类活动共同作用的结果；累积降雨量在年份线性关系式的斜率增加了 60.79 mm/a，增加了 22.65%，见表 4.2；累积蒸发量在年份线性关系式的斜率增加了 180.1 mm/a，增加了 12.09%，见表 4.3。根据式(4.5)、式(4.6)和式(4.7)的计算结果可知，$A_R$ 与 $B_R$ 时期相比，降雨量增加对融雪洪水径流量增加的贡献率为 59.64%；蒸发量增加对融雪洪水径流量增加的贡献率为 31.83%，即气温变化对融雪洪水径流量增加的贡献率为 31.83%；人类活动对融雪洪水径流量增加的贡献率为 8.53%。如果考虑蒸散发的影响，气候变化和人类活动在 $A_R$ 时期对肯斯瓦特水文站控制流域融雪洪水径流量增加的贡献率分别为 91.47% 和 8.53%。可见，气候变化是该水文站控制流域融雪洪水径流量增加的最重要影响因素；如果不考虑蒸散发的影响，降雨量和人类活动对肯斯瓦特融雪洪水径流量增加的贡献率在 $A_R$ 时期分别为 59.64% 和 40.36%。

**表 4.1　肯斯瓦特水文站累积融雪洪水径流量斜率及其变化率**

| 时段 | | 年份线性关系式斜率(mm/a) | 斜率与时段 $B_R$ 比较 | |
|---|---|---|---|---|
| | | | 变化量(mm/a) | 变化率(%) |
| $B_R$ | 1955—1995 | 228.17 | — | — |
| $A_R$ | 1996—2010 | 314.84 | 86.67 | 37.98 |

**表 4.2　肯斯瓦特水文站累积降雨量斜率及其变化率**

| 时段 | | 年份线性关系式斜率(mm/a) | 斜率与时段 $B_R$ 比较 | |
|---|---|---|---|---|
| | | | 变化量(mm/a) | 变化率(%) |
| $B_R$ | 1955—1995 | 268.35 | — | — |
| $A_R$ | 1996—2010 | 329.14 | 60.79 | 22.65 |

表 4.3 肯斯瓦特水文站累积蒸发量斜率及其变化率

| 时段 | | 年份线性关系式斜率（mm/a） | 斜率与时段 $B_R$ 比较 | |
|---|---|---|---|---|
| | | | 变化量(mm/a) | 变化率(%) |
| $B_R$ | 1955—1995 | 1 490.2 | — | — |
| $A_R$ | 1996—2010 | 1 670.3 | 180.1 | 12.09 |

该结果与王随继等[102]采用该方法在黄河中游皇甫川流域径流量变化的主要影响因子贡献率有一定的差异，在不考虑气温变化的情况下，降雨量和人类活动对皇甫川流域径流量变化的贡献率在 1980—1997 年分别为 36.43% 和 63.57%，在 1998—2008 年分别为 16.81% 和 83.19%，人类活动对径流量的影响占主导作用，且人类活动贡献率随时间推移而增加。王随继等[100]在黄河中游河口镇至潼关段区间径流量变化研究中指出，若考虑蒸散量的影响，人类活动对径流量变化的贡献率在 1971—1985 年和 1986—2009 年两个时期比不考虑蒸发量影响时约增加 25%，且径流量受人类活动影响发生突变时期主要在 20 世纪 70 年代和 80 年代。而在玛纳斯河肯斯瓦特水文站控制流域主要是以气候变化为主，融雪洪水径流量受气候变化影响发生突变年份为 1995 年，与凌红波等[103]在玛纳斯河肯斯瓦特水文站控制流域采用 Mann-Whitney 法和 R/S 法分析结果一致。

## 4.4 本章小结

本章以肯斯瓦特水文站数据资料为基础，采用线性回归、趋势分析及滑动平均等方法，分析肯斯瓦特水文站控制流域融雪洪水径流和气候变化特征；并运用 Mann-Kendall 非参数秩次检验法和累积距平法对融雪洪水径流量、降雨量及蒸发量的突变年份进行识别；利用统计分析法分析累积融雪洪水径流量、降雨量和蒸发量与年份之间的线性关系；采用累积量斜率变化率比较法，定量分析肯斯瓦特水文站控制流域降雨量增加、蒸发量增加以及人类活动对融雪洪水径流量增加的贡献率，得出如下主要结论。

(1)从总体上看，近 55 年来肯斯瓦特水文站控制流域融雪洪水径流量、降雨量和蒸发量呈一致性的增加趋势。融雪洪水径流主要通过雪冰融水和降雨补给。融雪洪水径流量在 1955—1966 年波动上升趋势显著；1967—1995 年呈不规则的波动变化且不显著；1996—2010 年波动上升趋势明显。但融雪洪水径流量总体变化趋势明显。

(2)通过 Mann-Kendall 非参数秩次检验和累积距平法，分析肯斯瓦特水文站控制流域 1955—2010 年融雪洪水径流量变化，发现 1995 年为突变年份，1955—1995 年累积融雪洪水径流量、累积降雨量和累积蒸发量斜率分别为 228.17 mm/a、268.35 mm/a、1 490.20 mm/a；而在 1996—2010 年累积融雪洪水径流量、累积降雨量和累积蒸发量斜率分别为 314.84 mm/a、329.14 mm/a 和 1 670.30mm/a。

(3)以人类活动影响小的 1955—1995 年为基准期，利用累积量斜率变化率比较法得出，1996—2010 年降雨量、蒸发量和人类活动对肯斯瓦特水文站控制流域融雪洪水径流量增加的贡献率分别为 59.64%、31.83% 和 8.53%。表明气候变化对该流域融雪洪水径流量的影响大于人类活动对融雪洪水径流量的影响。由此可见，人类活动对该流域洪水径流量的影响较小，这与第 2 章的结论具有一致性。

# 第5章　基于GAMLSS模型的非一致性融雪洪水分析

洪水频率分析是研究洪水时间序列形成的物理过程和机制的重要途径,是水利工程建设与管理的重要理论依据。洪水频率分析计算需要满足独立同分布假设,并且分布参数不随时间或其他变量而变化。在环境变化下水文时间序列受到气候变化和人类活动综合作用影响,不再满足一致性要求,传统频率计算方法得到的设计洪水结果的可靠性受到质疑。对于非一致性洪水时间序列的频率分析,国内外水文学者做了很多研究。目前国内常用还原/还现方法,但其影响因素太多,一致性修正成果的可靠性一直存在争议。因此,直接对非一致性水文极值序列进行频率分析是比较可行的方法,主要有时变矩法、条件概率分布法及混合分布法。

本文以玛纳斯河肯斯瓦特水库年最大洪峰流量时间序列和年最大洪量时间序列为基础数据,基于GAMLSS理论构建分布参数为常量的传统一致性模型以及基于分布参数以时间为解释变量和基于分布参数以气候因子为解释变量的两种非一致性时变矩模型。通过分布参数以气候因子为解释变量的非一致性时变矩模型,定量评估气候变化对非一致性融雪洪水特征时间序列的影响。

## 5.1　GAMLSS模型

GAMLSS模型最早是由Rigby和Stasinopoulos在2005年提出的(半)参数回归模型[104-105],即引入位置、尺度、形状的广义可加模型(Generalized Additive Models for Location, Scale and Shape, GAMLSS)。该模型可以添加多种解释变量,并且拟合响应变量序列的统计参数与解释变量之间的线性、非线性函数关系。同时,在拟合响应变量序列时,不再局限于传统的指数分布,提供的分布函数类型更加广泛,包括一系列高偏度和高峰度的连续和离散分布。GAMLSS模型在军事、经济学、医学等[106-108]领域得到了比较广泛的应用。近年来,国内外学者应用该模型在水文序列的非一致性方面也做了比较多的研究。该模型不仅可以评价一致性的时间序列,还可以评价非一致性的时间序列。当模型中累积概率分布参数为常量时,GAMLSS模型就为传统的一致性模型;当累积概率分布参数随时间变化或随气候指标和人类活动指标变化时,GAMLSS模型就变为非一致性模型。

### 5.1.1　模型的定义

GAMLSS模型假设某时刻独立随机变量观测值$y_i(i=1,2,\cdots,n)$服从概率密度函数$f(y_i|\boldsymbol{\theta}^i)$,$\boldsymbol{\theta}^i=(\boldsymbol{\theta}_{1i},\boldsymbol{\theta}_{2i},\boldsymbol{\theta}_{3i},\boldsymbol{\theta}_{4i}\cdots\boldsymbol{\theta}_{pi})=(\boldsymbol{\mu}_i,\boldsymbol{\sigma}_i,\boldsymbol{\nu}_i,\boldsymbol{\tau}_i)$是某时刻相对应的分布(统计)参数向量,$n$为观测值个数,$p$为分布(统计)参数个数。前两个参数$\boldsymbol{\mu}_i$和$\boldsymbol{\sigma}_i$通常被定义为位置参数和尺度参数向量,分别对应表示随机变量的均值向量和均方差(或变差系数)向量。分布中其他参数被统称为形状参数,一般形状参数最多只有两个,分别用$\boldsymbol{\nu}_i$和$\boldsymbol{\tau}_i$表示随机变量

序列的偏度向量和峰度向量。记 $g_k(\cdot)$ 表示 $\boldsymbol{\theta}_k$ 与相应的解释变量 $\boldsymbol{X}_k$ 和随机效应项之间的单调函数关系，一般表示为

$$g_k(\boldsymbol{\theta}_k)=\boldsymbol{\eta}_k=\boldsymbol{X}_k\boldsymbol{\beta}_k+\sum_{j=1}^{J_k}\boldsymbol{Z}_{jk}\boldsymbol{\gamma}_{jk} \tag{5.1}$$

式中：$k$ 为分布参数，$k=1,2,3,4$；$\boldsymbol{\theta}_k$、$\boldsymbol{\eta}_k$ 为长度为 $n$ 的向量；$\boldsymbol{\beta}_k=(\beta_{1k},\beta_{2k},\cdots,\beta_{I_kk})^{\mathrm{T}}$，为长度为 $I_k$ 的回归参数向量；$\boldsymbol{X}_k$ 为 $n\times I_k$ 的解释变量矩阵；$\boldsymbol{Z}_{jk}$ 为一个已知的 $n\times q_{jk}$ 固定设计矩阵；$\boldsymbol{\gamma}_{jk}$ 是一个 $q_{jk}$ 维的正态分布随机变量向量；$\boldsymbol{Z}_{jk}\boldsymbol{\gamma}_{jk}$ 表示第 $j$ 项随机效应项；$q_{jk}$ 表示第 $j$ 项随机效应中的随机影响因子维数。

在式(5.1)中，假设 $\boldsymbol{Z}_{jk}=\boldsymbol{I}_n$，$\boldsymbol{I}_n$ 为 $n\times n$ 单位矩阵；对于式(5.1)中 $j$、$k$ 的所有组合来说，有 $\boldsymbol{\gamma}_{jk}=\boldsymbol{h}_{jk}=\boldsymbol{h}_{jk}(\boldsymbol{x}_{jk})$ 成立，那么 GAMLSS 模型成为一个半参数回归模型，式(5.1)简化为

$$g_k(\boldsymbol{\theta}_k)=\boldsymbol{\eta}_k=\boldsymbol{X}_k\boldsymbol{\beta}_k+\sum_{j=1}^{J_k}\boldsymbol{h}_{jk}(\boldsymbol{x}_{jk}) \tag{5.2}$$

式中：$j=1,2,\cdots,J_k$；$\boldsymbol{x}_{jk}$ 为长度为 $n$ 的向量；$\boldsymbol{h}_{jk}$ 为关于解释变量 $\boldsymbol{X}_{jk}$ 的未知函数，$\boldsymbol{h}_{jk}=\boldsymbol{h}_{jk}(\boldsymbol{x}_{jk})$ 为函数 $\boldsymbol{h}_{jk}$ 在 $\boldsymbol{x}_{jk}$ 处的向量值。

如果 GAMLSS 模型忽略随机效应项对分布参数的影响，即对于 $k=1,2,3,4$，令 $J_k=0$，那么 GAMLSS 模型又成为一个全参数模型，式(5.1)简化为

$$g_k(\boldsymbol{\theta}_k)=\boldsymbol{\eta}_k=\boldsymbol{X}_k\boldsymbol{\beta}_k \tag{5.3}$$

如果假定随机变量 $Y$ 服从三参数概率分布，那么 GAMLSS 模型的通用表达式(5.1)可变为

$$\left.\begin{aligned}g_1(\mu)&=X_1\beta_1\\g_2(\sigma)&=X_2\beta_2\\g_3(\nu)&=X_3\beta_3\end{aligned}\right\} \tag{5.4}$$

当解释变量为时间 $t$ 时，解释变量矩阵 $\boldsymbol{X}_k$ 可表示为

$$\boldsymbol{X}_k=\begin{pmatrix}1&t&\cdots&t^{I_k-1}\\1&t&\cdots&t^{I_k-1}\\\vdots&\vdots&&\vdots\\1&t&\cdots&t^{I_k-1}\end{pmatrix}_{n\times I_k} \tag{5.5}$$

将式(5.5)代入式(5.3)可得到分布参数与解释变量时间 $t$ 的函数关系：

$$\left.\begin{aligned}g_1(\theta_1(t))&=\beta_{11}+\beta_{21}t+\cdots+\beta_{I_11}t^{I_1-1}\\g_2(\theta_2(t))&=\beta_{12}+\beta_{22}t+\cdots+\beta_{I_22}t^{I_2-1}\\&\vdots\end{aligned}\right\} \tag{5.6}$$

### 5.1.2　模型的概率分布函数类型

R 软件平台的 GAMLSS 程序包为模型概率分布函数的选择提供了大量的概率分布函数类型，其中包括单参数的指数(Exponential)分布、二项式(Binomial)分布、泊松(Poisson)分布，两参数的伽马(Gamma)分布、耿贝尔(Gumbel)分布、逆高斯(Inverse Gaussian)分布、Logistic 分布、对数正态(Log Normal)分布、韦伯(Weibull)分布、泊松逆高斯(Poisson Inverse

Gaussian)分布等,三参数的Box-Cox Cole and Green分布、对数高斯(Logarithmic Gaussian)分布、广义伽马(Generalized Gamma)分布、广义逆高斯(Generalized Inverse Gaussian)分布、正态分布族(Normal Family)、幂指数(Power Exponential)分布等,四参数的Box-Cox Power Exponential分布、Box-Cox - t分布、Generalized t分布、NET分布等。除此之外,Rigby和Stasinopoulos[104]介绍了通过一元变换、拼接、截断、混合等方法来产生新的分布。但是在运用GAMLSS模型进行水文分析计算时,四参数分布就可以充分适应各种水文气象变量,因此在选择概率分布函数类型时,一般不多于四个参数。水文时间序列的分布特征经常用统计参数均值、均方差(变差系数)以及偏态系数等来描述,模型通常采用两参数或三参数的概率分布函数。

### 5.1.3　模型的参数估计

GAMLSS模型关于回归参数向量$\boldsymbol{\beta}_k$以及随机效应参数$\boldsymbol{\gamma}_{jk}(j=1,2,\cdots,J_k,k=1,2,3,4)$的最大惩罚似然函数$l_p$为

$$\left.\begin{aligned} l_p &= l-\frac{1}{2}\sum_{k=1}^{p}\sum_{j=1}^{J_k}\boldsymbol{\lambda}_{jk}\boldsymbol{\gamma}'_{jk}\boldsymbol{G}_{jk}\boldsymbol{\gamma}_{jk} \\ l &= \sum_{i=1}^{n}\log f(\boldsymbol{y}_i\,|\,\boldsymbol{\theta}^i) \end{aligned}\right\} \tag{5.7}$$

式中:$l$为关于随机变量观测向量$\boldsymbol{y}_i$的对数似然函数;$\boldsymbol{G}_{jk}=\boldsymbol{G}_{jk}(\boldsymbol{\lambda}_{jk})$为依赖于超参数向量$\boldsymbol{\lambda}_{jk}$的$q_{jk}\times q_{jk}$单位矩阵。对于半参数回归模型,以惩罚似然函数$l_p$取值最大为目标函数,可以采用CG算法或RS算法[104]来估计回归参数向量$\boldsymbol{\beta}_k$和随机效应参数$\boldsymbol{\gamma}_{jk}$的最优值。而对于全参数模型而言,则以对数似然函数$l$取值最大为目标函数,也采用CG算法或RS算法来估计回归参数向量$\boldsymbol{\beta}_k$的最优值。

### 5.1.4　模型的评价准则

GAMLSS模型的全局拟合偏差$GD$定义如下:

$$GD=-2l(\hat{\theta}_i)\quad(i=1,2,3,4) \tag{5.8}$$

式中:$l(\hat{\theta}_i)$为回归参数估计值对应的对数似然函数。为了防止模型的过度拟合,通过逐步回归法对多变量进行最优选择,同时引入广义AIC准则(GAIC)进行判断,其表达式为

$$GAIC=GD+\#df \tag{5.9}$$

式中:$df$为模型的整体自由度;#为惩罚因子。若惩罚因子$\#=2$,则称为AIC准则;若$\#=\log(n)$($n$为解释变量样本容量),则称为SBC准则。AIC准则和SBC准则是GAIC准则的两种特例,计算结果中$GAIC$值越小,表明拟合的效果就越好,取$GAIC$值最小的模型作为最优模型。

### 5.1.5　模型的模拟残差评价

通过检验GAMLSS模型标准化残差分布是否服从标准正态分布,来判断原时间序列是

否服从相应类型的概率分布,并以此检验所选定分布类型的合理性以及模型的拟合效果。首先需要对模型产生的残差序列进行正态标准化:

$$r_i = \Phi^{-1}(u_i) \tag{5.10}$$

式中:$r_i$ 为标准正态化的残差;$\Phi^{-1}$为累积标准正态分布函数的反函数;$u_i = F(y_{t=i\Delta t} | \hat{\theta}_i)$,$i = 1,2,3,4$,$F(\cdot)$为随机变量 $Y$ 的累积概率分布函数,$\Delta t$ 为观测值的时间间隔。

采用概率点据相关系数法(PPCC)对正态标准化后的残差序列 $r_i$ 进行评价,检验其是否服从标准正态分布。此方法可有效检验观测样本的实际分布是否服从选定的假设分布,目前已被应用到多种分布类型。首先要确定服从标准正态分布 $N(0,1)$ 的顺序统计值 $M_i$,其定义为

$$M_i = \Phi^{-1}\left(\frac{i - 0.375}{n + 0.25}\right) \tag{5.11}$$

然后确定概率点据相关系数 $R$(Filliben 相关系数):

$$R = \frac{\sum (r_i - \bar{r})(M_i - \bar{M})}{\sqrt{\sum (r_i - \bar{r})^2 (M_i - \bar{M})^2}} \tag{5.12}$$

式中:$\bar{r}$、$\bar{M}$ 分别为正态标准化后的残差均值以及理论顺序统计值的均值。相关系数 $R$ 值越大,表明残差序列越接近服从标准正态分布。

GAMLSS 模型的标准残差分布情况还可以通过正态 QQ 图分析。将点绘正态标准化后残差 $r_i$ 和顺序统计量中位数 $M_i$到平面坐标系,即可得到正态 QQ 图。其中的横坐标为理论残差值(顺序统计量中位数 $M_i$),纵坐标为实际残差值(正态标准化残差 $r_i$),点据与直线 $y = x$ 偏差越小,表示实际残差值越接近理论残差值,模型拟合的效果就越好。

此外,还可以通过置信区间来判断模型的残差所位于的范围是否合理。模型的残差 worm 图一般取置信度为 95%,置信区间可以表示为$(-\alpha,\alpha)$,其中 $\alpha$ 的计算公式为

$$\alpha = 1.96 \times \sqrt{p(1-p)/n} / f(z) \tag{5.13}$$

式中:$f(\cdot)$表示正态分布的概率密度函数;$p$ 为分位点 $z$ 对应的概率。

GAMLSS 模型检验残差分布是否服从标准正态分布,也可以通过计算残差的均值、方差、偏态系数、峰态系数以及 Filliben[109]相关系数来判别。如果计算得到的残差序列均值接近于 0,方差接近于 1,偏态系数接近于 0,峰态系数接近于 3,Filliben 相关系数大于或等于一个标准值,则说明模型的残差序列基本服从正态分布,模型分布类型的选择合理,拟合的效果较好。

## 5.2 基于 GAMLSS 模型的融雪洪水分析

本文采用肯斯瓦特水文站控制流域 1957—2006 年的融雪洪水资料。以肯斯瓦特水文站年最大洪峰流量时间序列,年最大 1 日、3 日、7 日、15 日及 30 日洪量($W_1$、$W_3$、$W_7$、$W_{15}$及$W_{30}$)时间序列,7、8 月气温均值($T_{78}$)时间序列和洪峰出现之前 1 日、3 日前期影响雨量($P_1$、$P_3$)时间序列为基础数据,并基于 GAMLSS 理论构建传统的一致性模型以及基于时间为协变量和基于气温、前期影响雨量为协变量的两种非一致性模型,对一致性和非一致性融雪洪水特征序列进行分析。

在本文计算中,选取五种两参数概率分布函数(Log Normal 分布、Gamma 分布、Weibull 分布、Gumbel 分布、Poisson Inverse Gaussian 分布)作为备选分布函数,从这些所采用的备选分布函数可知,它们既有指数分布的特点,又有幂函数的特点,符合水文时间序列实际情况,能够采用这些分布来进行融雪洪水特征序列的频率计算。备选分布的概率密度函数及模型的连接函数(位置参数和尺度参数与均值和方差的关系)见表5.1。

**表5.1　两参数概率分布函数**

| 备选分布 | 概率密度函数 | 备注 |
| --- | --- | --- |
| Log Normal 分布<br>(LOGNO) | $f_Y(y\|\mu,\sigma)=\frac{1}{\sqrt{2\pi\sigma^2}}\frac{1}{y}\exp\left\{-\frac{[\log(y)-\mu]^2}{2\sigma^2}\right\}$<br>$(y>0,\mu>0,\sigma>0)$ | $E(Y)=\omega^{1/2}e^{\mu}$<br>$\mathrm{var}(Y)=\omega(\omega-1)e^{2\mu}$<br>$\omega=\exp(\sigma^2)$ |
| Gamma 分布<br>(GA) | $f_Y(y\|\mu,\sigma)=\frac{1}{(\sigma^2\mu)^{1/\sigma^2}}\frac{y^{1/\sigma^2-1}e^{-y/(\sigma^2\mu)}}{\Gamma(1/\sigma^2)}$<br>$(y>0,\mu>0,\sigma>0)$ | $E(Y)=\mu$<br>$\mathrm{var}(Y)=\sigma^2\mu^2$ |
| Weibull 分布<br>(WEI) | $f_Y(y\|\mu,\sigma)=\frac{\sigma y^{\sigma-1}}{\mu^{\sigma}}\exp\left[-\left(\frac{y}{\mu}\right)^{\sigma}\right]$<br>$(y>0,\mu>0,\sigma>0)$ | $E(Y)=\mu\Gamma\left(\frac{1}{\sigma}+1\right)$<br>$\mathrm{var}(Y)=\mu^2\left\{\Gamma\left(\frac{2}{\sigma}+1\right)-\left[\Gamma\left(\frac{1}{\sigma}+1\right)\right]^2\right\}$ |
| Gumbel 分布<br>(GU) | $f_Y(y\|\mu,\sigma)=\frac{1}{\sigma}\exp\left[\left(\frac{y-\mu}{\sigma}\right)-\exp\left(\frac{y-\mu}{\sigma}\right)\right]$<br>$(-\infty<y<\infty,-\infty<\mu<\infty,\sigma>0)$ | $E(Y)\cong\mu-0.577\,22\sigma$<br>$\mathrm{var}(Y)=\pi^2\sigma^2/6$ |
| Poisson Inverse Gaussian<br>分布(PIG) | $p_Y(y\|\mu,\sigma)=\left(\frac{2\alpha}{\pi}\right)^{\frac{1}{2}}\frac{\mu^y e^{\frac{1}{\sigma}}K_{y-\frac{1}{2}}(\alpha)}{(\alpha\sigma)^y y!}$<br>$(y=0,1,2,\cdots,\infty,\mu>0,\sigma>0)$ | $\alpha^2=\frac{1}{\sigma^2}+\frac{2\mu}{\sigma}$<br>$K_\lambda(t)=\frac{1}{2}\int_0^{\infty}x^{\lambda-1}\exp\left\{-\frac{1}{2}t(x+x^{-1})\right\}$ |

## 5.2.1　基于GAMLSS的一致性模型融雪洪水分析

假设水文时间序列满足一致性的条件,对肯斯瓦特水库入库融雪洪水特征时间序列构建累积概率分布参数(包括分布参数 $\theta_1$ 和 $\theta_2$,为融雪洪水特征序列相应的均值和方差)为常量的GAMLSS模型,即传统的一致性模型。通过AIC判别准则确定一致性模型下融雪洪水特征序列的最优拟合分布,见表5.2。对于年最大洪峰流量序列,Log Normal 分布和 Poisson Inverse Gaussian 分布对其的拟合效果比较接近;而对于年最大洪量序列,Log Normal 分布和 Gamma 分布对其的拟合效果比较接近,采用 Weibull 分布模型进行分析计算时,年最大15日、30日洪量序列的方差均出现负值,因此该模型不满足要求。但是在这五种参数分布中,Log Normal 分布的 *AIC* 值最小,为最优拟合分布。表5.3给出了一致性模型条件下融雪洪水特征序列的最优分布,其对应的模型拟合残差 Filliben 系数(*PPCC*)以及残差的分布矩。当融雪洪水样本容量大小为50时,Filliben 相关系数≥0.977才能通过95%的显著性检验。从表5.3可知,融雪洪水特征序列最优拟合分布模型的拟合残差 Filliben 相关系数<

0.977，没有通过显著性检验；由各模型的残差分布矩也可以看出，各模型残差不能满足服从正态分布的要求。

表 5.2 融雪洪水特征序列服从不同概率分布下的 GAMLSS 模型拟合情况

| 分布类型 | 年最大洪峰流量序列 | | | 年最大 1 日洪量序列 | | |
|---|---|---|---|---|---|---|
| | *GD* | *AIC* | *SBC* | *GD* | *AIC* | *SBC* |
| Log Normal | 626.94 | **630.94** | **634.77** | 800.73 | **804.73** | **808.56** |
| Gamma | 634.12 | 638.12 | 641.94 | 807.39 | 811.39 | 815.22 |
| Weibull | 647.60 | 651.60 | 655.43 | 823.31 | 827.31 | 831.13 |
| Gumbel | 692.45 | 696.45 | 700.27 | 868.56 | 872.56 | 876.39 |
| Poisson Inverse Gaussian | 629.01 | 633.01 | 636.83 | 1 179.23 | 1 183.23 | 1 187.05 |
| | 年最大 3 日洪量序列 | | | 年最大 7 日洪量序列 | | |
| Log Normal | 886.34 | **890.34** | **894.16** | 944.26 | **948.26** | **952.08** |
| Gamma | 891.91 | 895.91 | 899.73 | 948.86 | 952.86 | 956.68 |
| Weibull | 908.06 | 912.06 | 915.88 | 965.79 | 969.79 | 973.61 |
| Gumbel | 944.20 | 948.20 | 952.02 | 997.48 | 1 001.48 | 1 005.31 |
| Poisson Inverse Gaussian | 1 303.98 | 1 307.98 | 1 311.80 | 1 383.78 | 1 387.78 | 1 391.60 |
| | 年最大 15 日洪量序列 | | | 年最大 30 日洪量序列 | | |
| Log Normal | 1 006.42 | **1 010.42** | **1 014.24** | 1 056.20 | **1 060.20** | **1 064.02** |
| Gamma | 1 012.10 | 1 016.10 | 1 019.92 | 1 060.42 | 1 064.42 | 1 068.24 |
| Weibull | 方差 <0 | | | 方差 <0 | | |
| Gumbel | 1 071.57 | 1 075.57 | 1 079.39 | 1 111.66 | 1 115.66 | 1 119.48 |
| Poisson Inverse Gaussian | 1 530.77 | 1 534.77 | 1 538.59 | 1 578.77 | 1 582.77 | 1 586.60 |

表 5.3 融雪洪水特征序列最优拟合分布的残差分布矩及 Filliben 系数

| 融雪洪水特征序列 | 最优分布 | 均值 | 方差 | 偏态系数 | 峰度系数 | Filliben 系数 |
|---|---|---|---|---|---|---|
| 年最大洪峰流量序列 | Log Normal | 0 | 1.020 | 0.919 | 3.596 | 0.968 |
| 年最大 1 日洪量序列 | Log Normal | 0 | 1.020 | 0.958 | 3.976 | 0.961 |
| 年最大 3 日洪量序列 | Log Normal | 0 | 1.020 | 0.909 | 3.918 | 0.959 |
| 年最大 7 日洪量序列 | Log Normal | 0 | 1.020 | 0.864 | 3.927 | 0.962 |
| 年最大 15 日洪量序列 | Log Normal | 0 | 1.020 | 1.072 | 5.089 | 0.959 |
| 年最大 30 日洪量序列 | Log Normal | 0 | 1.020 | 0.851 | 4.510 | 0.966 |

融雪洪水特征序列最优拟合分布（Log Normal 分布）模型的拟合残差 worm 图，如图 5.1 所示。年最大洪峰流量序列最优模型所有标准残差点位于两条三次多项式拟合曲线包围的“可接受区”（95% 置信区间）内，说明年最大洪峰流量序列拟合的效果较好；而年最大洪量序列最优模型部分标准残差点位于 95% 置信区间之外，说明年最大洪量序列拟合效果较差，不满足要求。通过图 5.2 给出的融雪洪水特征序列最优拟合分布（Log Normal 分布）的

拟合 QQ 图,可直观地发现,融雪洪水特征序列有较多的残差点偏离了 $y=x$ 直线,表明各模型的残差不能满足服从正态分布的要求。

综合上述分析,融雪洪水特征序列最优拟合分布模型的拟合精度低、拟合效果差,说明融雪洪水特征序列在环境变化情况下发生了变异,不再满足一致性的要求,导致无法直接应用传统的一致性模型进行频率分析计算。这一结论与第 3 章经检验得出融雪洪水特征序列存在非一致性的结论一致。

### 5.2.2　以时间为协变量的非一致性模型融雪洪水分析

1. 模型拟合评价

肯斯瓦特水库入库融雪洪水特征时间序列存在非一致性条件,传统的一致性模型无法进行频率分析计算。本节以时间 $t$ 为解释变量构建非一致性模型,为了防止模型的过度拟合,仅考虑累积概率分布参数 $\theta_1$ 和 $\theta_2$,即相应融雪洪水特征序列的均值及方差。通过 AIC 判别准则确定非一致性模型下融雪洪水特征序列的最优拟合分布、分布参数最佳协变量以及分布参数与最佳协变量之间的函数关系,见表 5.4。对于年最大洪峰流量序列,Log Normal 分布和 Poisson Inverse Gaussian 分布对其的拟合效果比较接近,但 Log Normal 分布的 *AIC* 值最小,为最佳拟合分布。分布参数 $\theta_1$ 在五种参数分布模型中均表现出与时间 $t$ 的线性依赖关系;分布参数 $\theta_2$ 在 Log Normal、Gamma 及 Gumbel 分布模型中表现出与时间 $t$ 的线性依赖关系,而在 Weibull 和 Poisson Inverse Gaussian 分布模型中为常量。

而对于年最大洪量序列,Log Normal 分布和 Gamma 分布对其的拟合效果比较接近。但在这五种参数分布中,Log Normal 分布的 *AIC* 值最小,为最佳拟合分布。在 Log Normal 和 Gamma 分布模型中,分布参数 $\theta_1$ 和 $\theta_2$ 均表现出与时间 $t$ 的线性依赖关系;在 Weibull、Gumbel 和 Poisson Inverse Gaussian 分布模型中,分布参数 $\theta_1$ 表现出与时间 $t$ 的线性依赖关系,分布参数 $\theta_2$ 为常量。采用 Weibull 分布模型进行分析计算时,年最大 15 日、30 日洪量序列的方差均出现负值,因此该模型不满足要求。

选取融雪洪水特征序列的最优分布,其对应的模型拟合残差 Filliben 系数(*PPCC*)以及残差的分布矩,见表 5.5。从表 5.5 可知,融雪洪水特征序列最优拟合分布模型的拟合残差 Filliben 相关系数均≥0.977,均通过显著性检验。同时,从各模型的残差分布矩可知,各模型残差均较好地服从正态分布。

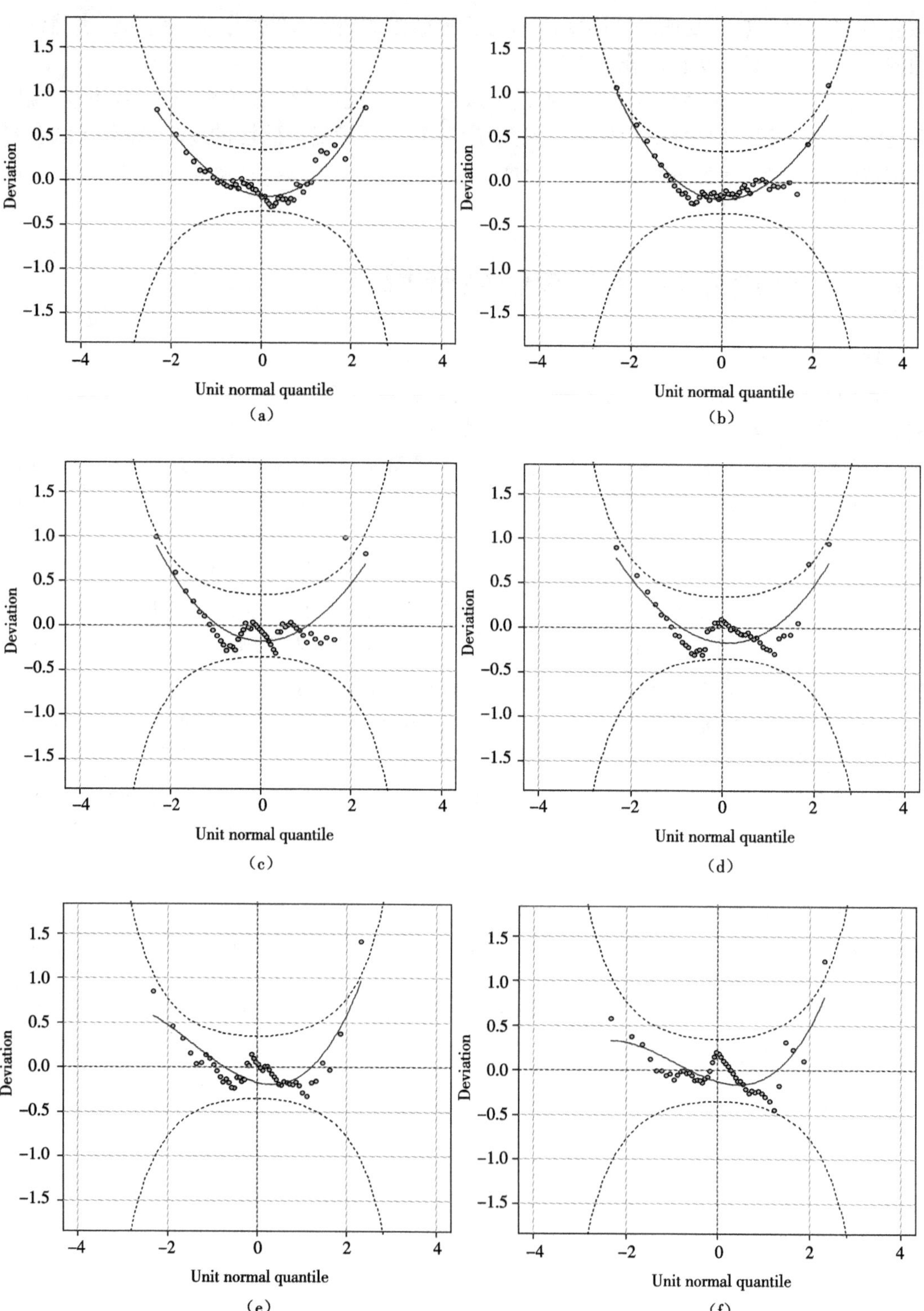


**图 5.1　基于 GAMLSS 一致性模型融雪洪水特征序列最优分布拟合残差 worm 图**

(a)年最大洪峰流量序列　(b)年最大 1 日洪量序列　(c)年最大 3 日洪量序列　(d)年最大 7 日洪量序列
(e)年最大 15 日洪量序列　(f)年最大 30 日洪量序列

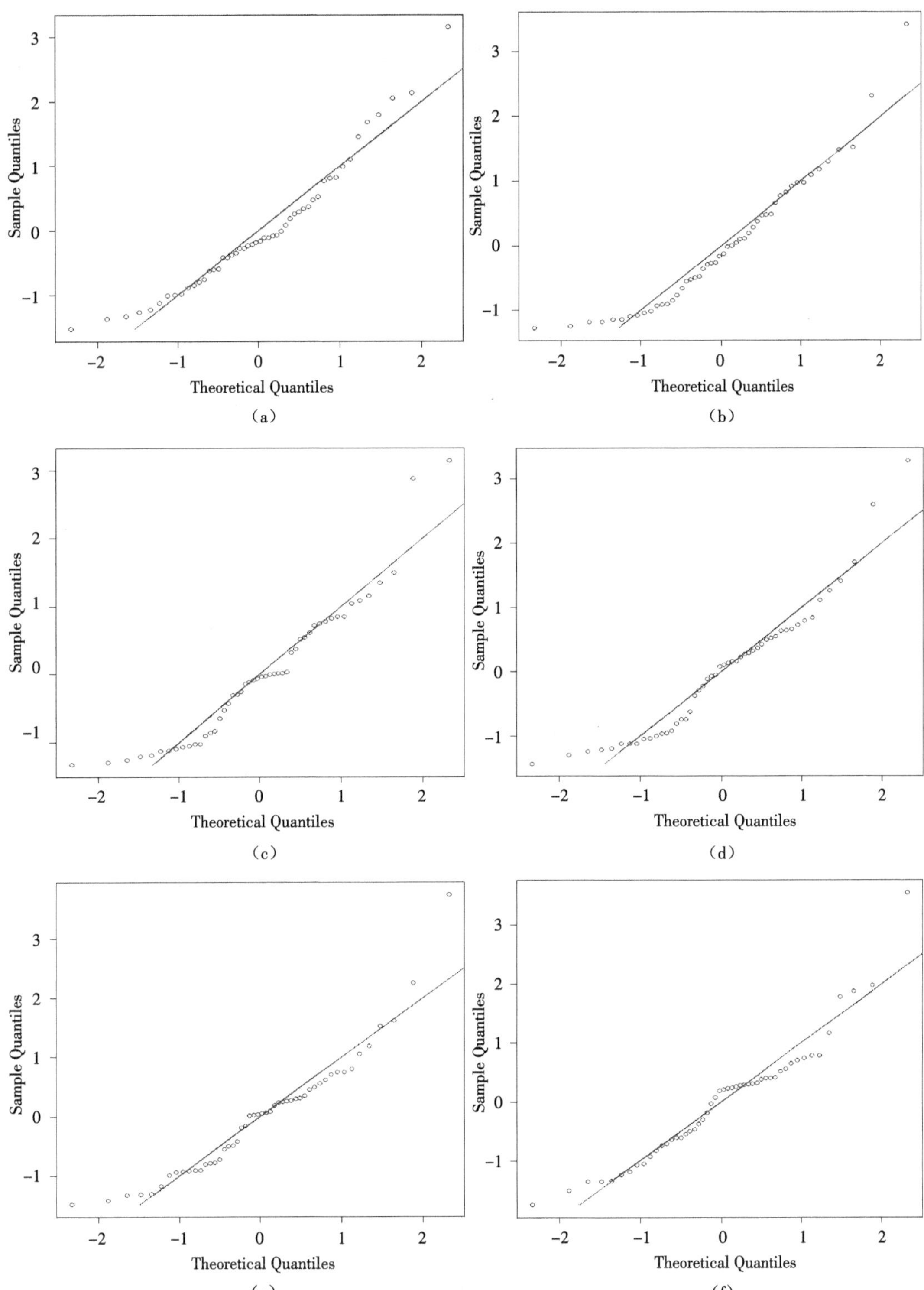


**图 5.2　基于 GAMLSS 一致性模型融雪洪水特征序列最优分布拟合 QQ 图**

(a)年最大洪峰流量序列　(b)年最大 1 日洪量序列　(c)年最大 3 日洪量序列　(d)年最大 7 日洪量序列
(e)年最大 15 日洪量序列　(f)年最大 30 日洪量序列

**表 5.4　以时间为协变量的融雪洪水特征序列服从不同概率分布下的 GAMLSS 模型拟合情况以及分布参数与解释变量的函数关系**

| 分布类型 | 年最大洪峰流量序列 | | | | | 年最大 1 日洪量序列 | | | | |
|---|---|---|---|---|---|---|---|---|---|---|
| | $\theta_1$ | $\theta_2$ | *GD* | *AIC* | *SBC* | $\theta_1$ | $\theta_2$ | *GD* | *AIC* | *SBC* |
| Log Normal | *t* | *t* | 620.22 | **628.22** | **635.86** | *t* | *t* | 791.88 | **799.88** | **807.53** |
| Gamma | *t* | *t* | 626.19 | 634.19 | 641.84 | *t* | *t* | 795.94 | 803.94 | 811.59 |
| Weibull | *t* | *ct* | 641.59 | 647.59 | 653.33 | *t* | *ct* | 813.34 | 819.34 | 825.07 |
| Gumbel | *t* | *t* | 677.45 | 685.45 | 693.10 | *t* | *ct* | 856.48 | 862.48 | 868.21 |
| Poisson Inverse Gaussian | *t* | *ct* | 626.37 | 632.37 | 638.10 | *t* | *ct* | 1 175.83 | 1 181.83 | 1 187.57 |
| | 年最大 3 日洪量序列 | | | | | 年最大 7 日洪量序列 | | | | |
| Log Normal | *t* | *t* | 878.16 | **886.16** | **893.81** | *t* | *t* | 935.70 | **943.70** | **951.35** |
| Gamma | *t* | *t* | 881.42 | 889.42 | 897.07 | *t* | *t* | 938.05 | 946.05 | 953.70 |
| Weibull | *t* | *ct* | 898.10 | 904.10 | 909.83 | *t* | *ct* | 954.04 | 960.04 | 965.77 |
| Gumbel | *t* | *ct* | 931.93 | 937.93 | 943.67 | *t* | *ct* | 983.88 | 989.88 | 995.62 |
| Poisson Inverse Gaussian | *t* | *ct* | 1 300.30 | 1 306.30 | 1 312.04 | *t* | *ct* | 1 378.81 | 1 384.81 | 1 390.54 |
| | 年最大 15 日洪量序列 | | | | | 年最大 30 日洪量序列 | | | | |
| Log Normal | *t* | *t* | 996.86 | **1 004.86** | **1 012.51** | *t* | *t* | 1 045.25 | **1 053.25** | **1 060.90** |
| Gamma | *t* | *t* | 999.76 | 1 007.76 | 1 015.41 | *t* | *t* | 1 046.86 | 1 054.86 | 1 062.51 |
| Weibull | 方差 <0 | | | | | 方差 <0 | | | | |
| Gumbel | *t* | *ct* | 1 058.44 | 1 064.44 | 1 070.18 | *t* | *ct* | 1 097.66 | 1 103.66 | 1 109.39 |
| Poisson Inverse Gaussian | *t* | *ct* | 1 525.68 | 1 531.68 | 1 537.42 | *t* | *ct* | 1 574.07 | 1 580.07 | 1 585.81 |

**表 5.5　以时间为协变量的融雪洪水特征序列最优拟合分布的残差分布矩及 Filliben 系数**

| 融雪洪水特征序列 | 最优分布 | 均值 | 方差 | 偏态系数 | 峰度系数 | Filliben 系数 |
|---|---|---|---|---|---|---|
| 年最大洪峰流量序列 | Log Normal | 0 | 1.020 | 0.830 | 3.562 | 0.977 |
| 年最大 1 日洪量序列 | Log Normal | 0 | 1.020 | 0.543 | 2.563 | 0.977 |
| 年最大 3 日洪量序列 | Log Normal | 0 | 1.020 | 0.476 | 2.577 | 0.978 |
| 年最大 7 日洪量序列 | Log Normal | 0 | 1.020 | 0.379 | 2.420 | 0.979 |
| 年最大 15 日洪量序列 | Log Normal | 0 | 1.020 | 0.457 | 2.921 | 0.982 |
| 年最大 30 日洪量序列 | Log Normal | 0 | 1.020 | 0.180 | 2.665 | 0.990 |

融雪洪水特征序列最优拟合分布(Log Normal 分布)模型的拟合残差 worm 图,如图 5.3 所示。从图 5.3 可知,融雪洪水特征序列最优模型所有标准残差点均位于 95% 置信区间内,说明融雪洪水特征序列拟合的效果较好。通过图 5.4 给出的融雪洪水特征序列最优拟合分布(Log Normal 分布)的拟合 QQ 图,可直观地发现,融雪洪水特征序列有少量的残差点偏离了 $y=x$ 直线,绝大部分残差点都分布在该直线的附近,表明各模型的残差较好地服从正态分布。其中,年最大 15 日和 30 日洪量序列的标准残差点据拟合的效果最好。

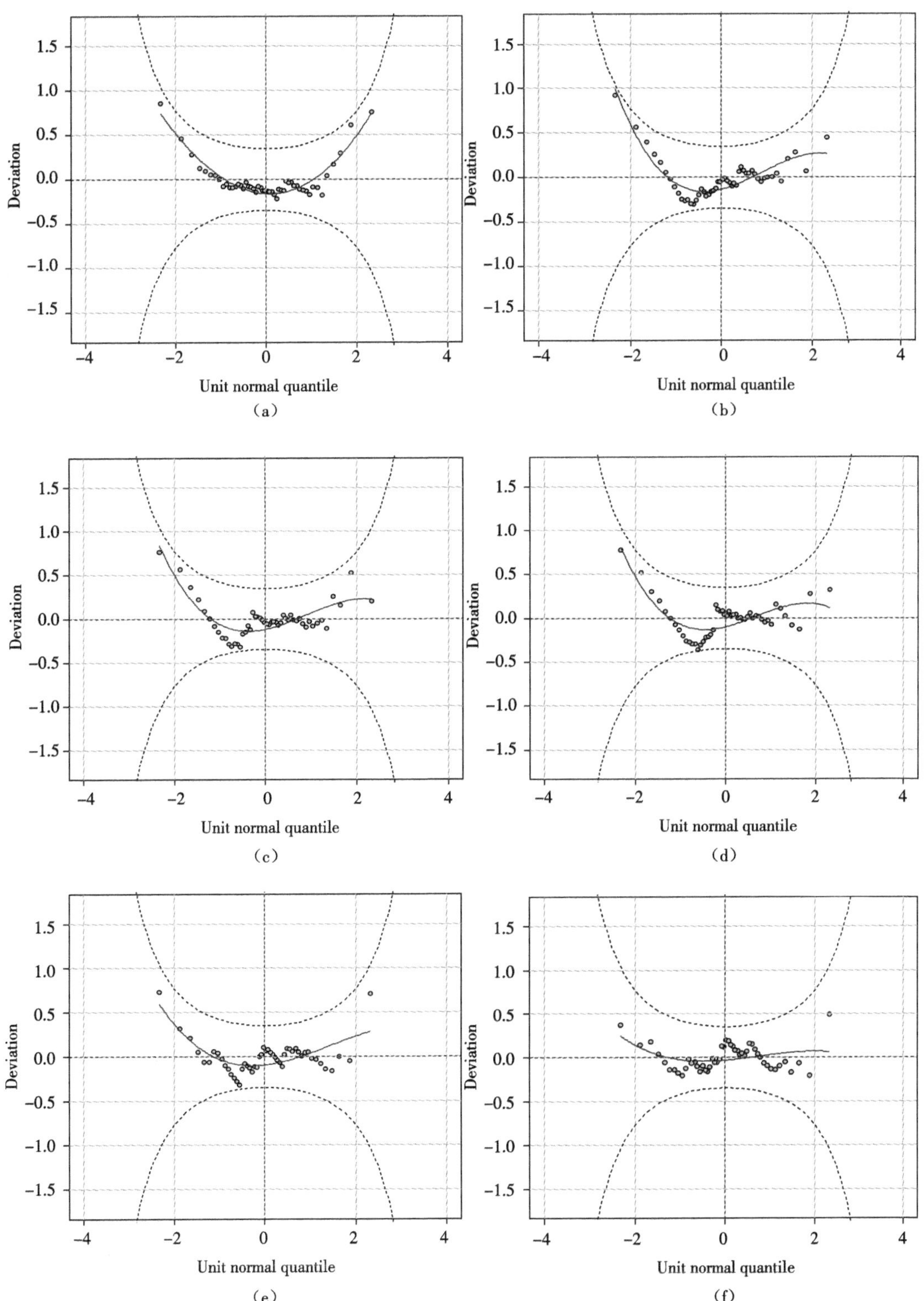


**图 5.3　以时间为协变量的非一致性模型融雪洪水特征序列最优分布拟合残差 worm 图**

(a)年最大洪峰流量序列　(b)年最大 1 日洪量序列　(c)年最大 3 日洪量序列　(d)年最大 7 日洪量序列
(e)年最大 15 日洪量序列　(f)年最大 30 日洪量序列

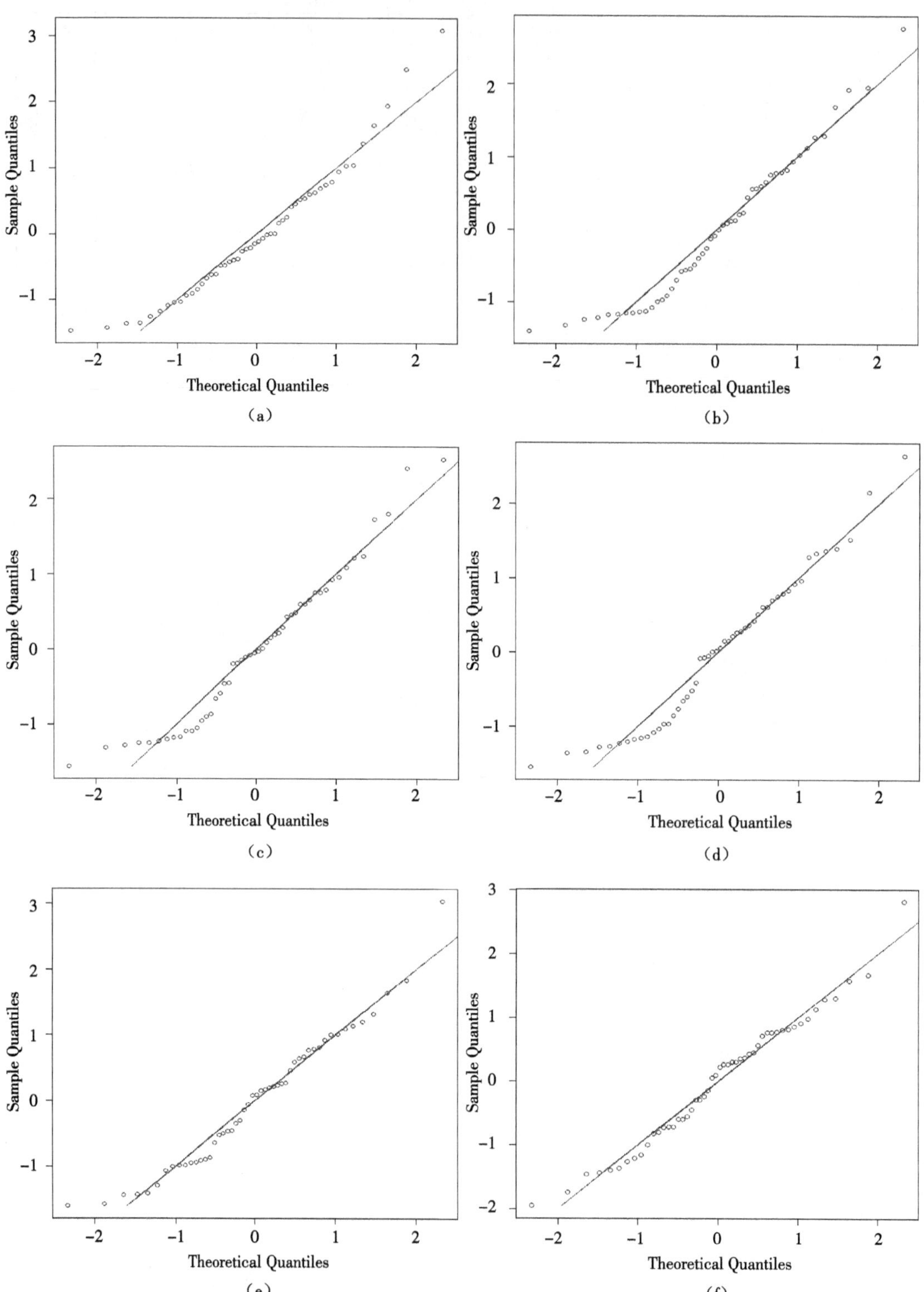


**图 5.4 以时间为协变量的非一致性模型融雪洪水特征序列最优分布拟合 QQ 图**

(a)年最大洪峰流量序列 (b)年最大 1 日洪量序列 (c)年最大 3 日洪量序列 (d)年最大 7 日洪量序列 (e)年最大 15 日洪量序列 (f)年最大 30 日洪量序列

2. 模型拟合结果分析

融雪洪水特征序列最优拟合分布(Log Normal 分布)模型的分位数灰度图如图 5.5 所示,图中点据表示融雪洪水特征序列的实测点据,下部浅灰色区域表示 5% ~25% 分位数区间,中部深灰色区域表示 25% ~75% 分位数区间,上部浅灰色区域表示 75% ~95% 分位数区间,中间黑色曲线表示 50% 分位数曲线。

由图 5.5 可知,绝大部分的融雪洪水特征序列实测点据均位于 5% ~95% 分位数灰度图区间之内,说明这些最优拟合分布模型的拟合结果能够较好地捕捉到融雪洪水特征序列数据的非一致性变化。以时间为协变量的 GAMLSS 非一致性模型可以进行融雪洪水特征序列的趋势分析,从图 5.5 可以看出,融雪洪水特征序列随着时间的变化均呈上升的变化趋势,而且拟合效果接近,分位数越大,分位数曲线上升的趋势越明显。但是随着时间的推移,融雪洪水特征序列的变化趋势并非无限制的上升,因为在实际情况下,融雪洪水的变化受到气候变化及人类活动等诸多因素的影响,融雪洪水特征序列应该呈波动的变化特征。而以时间为协变量的 GAMLSS 非一致性模型仅仅只能描述融雪洪水特征序列的趋势变化,不能描述融雪洪水特征序列受诸多因素影响下的动态变化过程。

### 5.2.3　以气候因子为协变量的非一致性模型融雪洪水分析

1. 模型拟合评价

本节在以时间为协变量的 GAMLSS 非一致性模型的基础上,将通过检验的气候因子($T_{78}$、$P_1$、$P_3$)替换分布参数解释变量时间 $t$,作为新的解释变量,构建以气候因子为协变量的 GAMLSS 非一致性模型。通过 AIC 判别准则和显著性水平 $\alpha=0.05$ 的卡方检验筛选非一致性模型下融雪洪水特征时间序列的最优拟合分布、分布参数最佳解释变量以及分布参数与最佳解释变量之间的函数关系,见表 5.6。

对于年最大洪峰流量序列,Log Normal 分布和 Gamma 分布对其的拟合效果比较接近,但 Log Normal 分布的 *AIC* 值最小,为最佳拟合分布。在 $T_{78}$、$P_1$、$P_3$ 三个候选指标中,$P_1$ 没有通过筛选,说明峰现前 1 日前期影响雨量不适合描述年最大洪峰流量序列的非一致性变化。$T_{78}$ 和 $P_3$ 指标倾向于描述分布参数 $\theta_1$ 的线性变化,即年最大洪峰流量序列的均值(位置参数)变化,更容易受到 7、8 月份气温和峰现前 3 日前期影响雨量的影响。其中,$P_3$ 指标对所有分布模型年最大洪峰流量序列均有影响,这种影响仅体现在年最大洪峰流量序列均值与峰现前 3 日前期影响雨量的线性依赖关系上;而 $T_{78}$ 指标对除了 Poisson Inverse Gaussian 分布以外的其他模型年最大洪峰流量序列也均有影响,同样也只体现在年最大洪峰流量序列均值与 7、8 月份气温的线性依赖关系上。所有分布模型的分布参数 $\theta_2$ 为常量,表明年最大洪峰流量序列方差与气候因子的关系不大。

对于年最大洪量序列,Log Normal 分布和 Gamma 分布对其的拟合效果比较接近,在 $T_{78}$、$P_1$、$P_3$ 三个候选指标中,$P_3$ 没有通过筛选,说明峰现前 3 日前期影响雨量不适合描述年最大洪量序列的非一致性变化。年最大 1 日、3 日洪量序列在所有分布模型中,Gamma 分布的 *AIC* 值最小,拟合效果最好,为最优拟合分布;而年最大 7 日、15 日及 30 日洪量序列 Log Normal 分布为最优拟合分布。

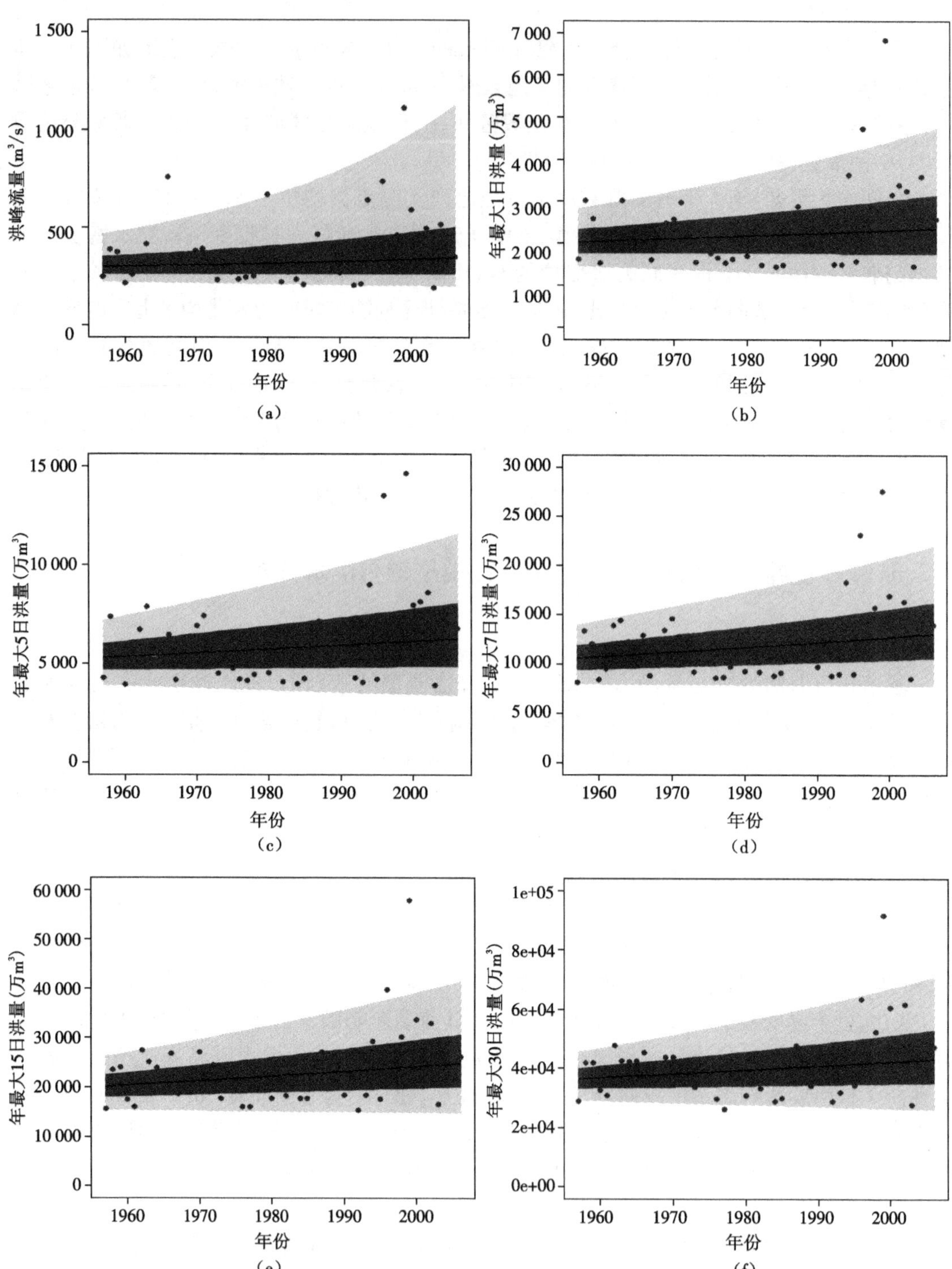


**图 5.5 以时间为协变量的非一致性模型融雪洪水特征序列最优拟合分布分位数灰度图**

(a)年最大洪峰流量序列 (b)年最大 1 日洪量序列 (c)年最大 3 日洪量序列 (d)年最大 7 日洪量序列 (e)年最大 15 日洪量序列 (f)年最大 30 日洪量序列

**表 5.6　以气候因子为协变量的融雪洪水特征序列服从不同概率分布下的 GAMLSS 模型拟合情况以及分布参数与解释变量的函数关系**

| 分布类型 | 年最大洪峰流量序列 | | | | | 年最大 1 日洪量序列 | | | | |
|---|---|---|---|---|---|---|---|---|---|---|
| | $\theta_1$ | $\theta_2$ | *GD* | *AIC* | *SBC* | $\theta_1$ | $\theta_2$ | *GD* | *AIC* | *SBC* |
| Log Normal | $T_{78}+P_3$ | *ct* | 610.08 | **618.08** | **625.73** | $T_{78}+P_1$ | $P_1$ | 765.05 | **775.05** | **784.61** |
| Gamma | $T_{78}+P_3$ | *ct* | 612.61 | 620.61 | 628.26 | $T_{78}+P_1$ | $P_1$ | 764.72 | 774.72 | 784.28 |
| Weibull | $T_{78}+P_3$ | *ct* | 620.71 | 628.71 | 636.35 | $T_{78}+P_1$ | $P_1$ | 766.07 | 776.07 | 785.63 |
| Gumbel | $T_{78}+P_3$ | *ct* | 661.83 | 669.83 | 677.48 | $T_{78}+P_1$ | $P_1$ | 779.19 | 789.19 | 798.75 |
| Poisson Inverse Gaussian | $P_3$ | *ct* | 621.21 | 627.21 | 632.94 | $T_{78}$ | $P_1$ | 1 164.72 | 1 172.72 | 1 180.37 |
| | 年最大 3 日洪量序列 | | | | | 年最大 7 日洪量序列 | | | | |
| Log Normal | $T_{78}+P_1$ | $P_1$ | 856.04 | 866.04 | 875.60 | $T_{78}+P_1$ | $P_1$ | 919.13 | **929.13** | **938.69** |
| Gamma | $T_{78}+P_1$ | $P_1$ | 855.85 | **865.85** | **875.41** | $T_{78}+P_1$ | $P_1$ | 919.56 | 929.56 | 939.12 |
| Weibull | $T_{78}+P_1$ | $P_1$ | 857.78 | 867.78 | 877.34 | $T_{78}+P_1$ | $P_1$ | 923.66 | 933.66 | 943.22 |
| Gumbel | $T_{78}+P_1$ | $T_{78}+P_1$ | 865.91 | 877.91 | 889.38 | $T_{78}+P_1$ | $P_1$ | 933.82 | 943.82 | 953.38 |
| Poisson Inverse Gaussian | $T_{78}+P_1$ | *ct* | 1 278.51 | 1 286.51 | 1 294.15 | $P_1$ | *ct* | 1 371.10 | 1 377.10 | 1 382.84 |
| | 年最大 15 日洪量序列 | | | | | 年最大 30 日洪量序列 | | | | |
| Log Normal | $T_{78}+P_1$ | $P_1$ | 983.80 | **993.80** | **1 003.36** | $T_{78}+P_1$ | $T_{78}$ | 1 035.10 | **1 045.10** | **1 054.66** |
| Gamma | $T_{78}+P_1$ | $P_1$ | 984.95 | 994.95 | 1 004.51 | $T_{78}+P_1$ | $T_{78}$ | 1 035.91 | 1 045.91 | 1 055.47 |
| Weibull | 方差 <0 | | | | | 方差 <0 | | | | |
| Gumbel | $T_{78}+P_1$ | $P_1$ | 1 005.48 | 1 015.48 | 1 025.04 | $T_{78}+P_1$ | $P_1$ | 1 056.75 | 1 066.75 | 1 076.31 |
| Poisson Inverse Gaussian | $T_{78}$ | *ct* | 1 521.19 | 1 527.19 | 1 532.99 | *ct* | *ct* | 1 578.77 | 1 582.77 | 1 586.60 |

年最大 1 日、7 日及 15 日洪量序列的 $T_{78}$ 指标均主要表示为分布参数 $\theta_1$ 的线性关系，$P_1$ 指标均主要表示为分布参数 $\theta_1$ 和 $\theta_2$ 的线性关系。因此，其均值均主要受到 7、8 月份气温和峰现前 1 日前期影响雨量的共同影响，而其方差都主要受到峰现前 1 日前期影响雨量的影响。年最大 3 日、30 日洪量序列 $T_{78}$ 指标均表示为分布参数 $\theta_1$ 和 $\theta_2$ 的线性关系，$P_1$ 指标也都表示为分布参数 $\theta_1$ 和 $\theta_2$ 的线性关系。因此，其均值均受到 7、8 月份气温和峰现前 1 日前期影响雨量的共同影响；但是年最大 3 日洪量序列方差主要受到峰现前 1 日前期影响雨量的影响，气温影响较小；而年最大 30 日洪量序列方差主要受到 7、8 月份气温的影响，峰现前 1 日前期影响雨量的影响较小。采用 Weibull 分布模型进行分析计算时，最大 15 日、30 日洪量序列的方差均出现负值，因此该模型不满足要求。

选取融雪洪水特征时间序列的最优分布，其对应的模型拟合残差 Filliben 系数以及残差的分布矩，见表 5.7。除了年最大 1 日、3 日洪量序列最优拟合分布为 Gamma 分布之外，其他融雪洪水特征序列均为 Log Normal 分布。从各模型的残差分布矩可知，均值为 0，方差近似等于 1；以偏态系数接近于 0 的条件来看，年最大 1 日、3 日洪量序列残差分布更优；以峰度系数接近于 3 的条件来看，年最大洪峰流量序列和年最大 30 日洪量序列残差分布更优。融雪洪水特征序列最优拟合分布模型的拟合残差 Filliben 相关系数均大于 0.977，通过显著性检验。由此说明各最优拟合分布模型残差均较好地服从正态分布。

**表 5.7 以气候因子为协变量的融雪洪水特征序列最优拟合分布残差分布矩及 Filliben 系数**

| 融雪洪水特征序列 | 最优分布 | 均值 | 方差 | 偏态系数 | 峰度系数 | Filliben 系数 |
|---|---|---|---|---|---|---|
| 年最大洪峰流量序列 | Log Normal | 0 | 1.020 | 0.352 | 3.425 | 0.985 |
| 年最大 1 日洪量序列 | Gamma | 0 | 1.011 | 0.007 | 1.896 | 0.986 |
| 年最大 3 日洪量序列 | Gamma | 0 | 1.019 | 0.015 | 1.863 | 0.987 |
| 年最大 7 日洪量序列 | Log Normal | 0 | 1.020 | 0.082 | 1.795 | 0.985 |
| 年最大 15 日洪量序列 | Log Normal | 0 | 1.020 | 0.246 | 1.916 | 0.983 |
| 年最大 30 日洪量序列 | Log Normal | 0 | 1.020 | 0.108 | 2.194 | 0.992 |

融雪洪水特征时间序列最优拟合分布模型的拟合残差 worm 图，如图 5.6 所示。从图 5.6 可知，年最大洪峰流量序列 worm 图的个别点据偏离了标准残差点据的三次多项式拟合曲线，但是融雪洪水特征序列最优模型所有标准残差点仍位于 95% 置信区间内，说明融雪洪水特征序列在最优拟合分布下的拟合效果较好。通过图 5.7 给出的融雪洪水特征序列最优拟合分布的拟合 QQ 图，可直观地发现，融雪洪水特征序列有个别的残差点据偏离了 $y=x$ 直线，其他的残差点据都分布在该直线的附近，表明各最优拟合分布模型的残差较好地服从正态分布。综上分析，融雪洪水特征序列最优拟合分布模型的标准残差分布矩、Filliben 相关系数、worm 图以及 QQ 图均符合正态分布总体的要求，表明各最优拟合分布模型能较好地描述环境变化下的融雪洪水特征序列的非一致性。

2. 模型拟合结果分析

图 5.8 给出了融雪洪水特征序列以气候因子为协变量的最优拟合分布模型的分位数灰度图。图中点据表示融雪洪水特征序列的实测点据，并从低到高分别给出了 5% ~25% 浅灰色分位数区间，25% ~50% 深灰色分位数区间，50% ~75% 深灰色分位数区间，75% ~95% 浅灰色分位数区间。

由图 5.8 可知，除了个别实测点据之外，其余的融雪洪水特征序列实测点据均包含在 5% ~95% 分位数灰度图区间之内，以气候因子为协变量的最优拟合分布模型的分位数灰度图较好地描述了融雪洪水特征序列在环境变化影响下的动态变化过程，并且融雪洪水特征序列的模拟值均拟合得较好，这其中包括 1996 年和 1999 年的大洪水事件。在忽略图中个别异常值的情况下，分析导致图 5.8 中融雪洪水特征序列动态变化的主要原因是气候变化，其中主要包括气温和降雨的变化；下垫面变化对其也有影响，但影响不大，因为研究区域下垫面变化相对不大。

年最大洪峰流量序列和年最大洪量序列在以气候因子为协变量最优拟合分布模型下的 98%、95%、90% 分位数曲线、相应的极值及发生的年份如图 5.9 所示，并列于表 5.8 中。

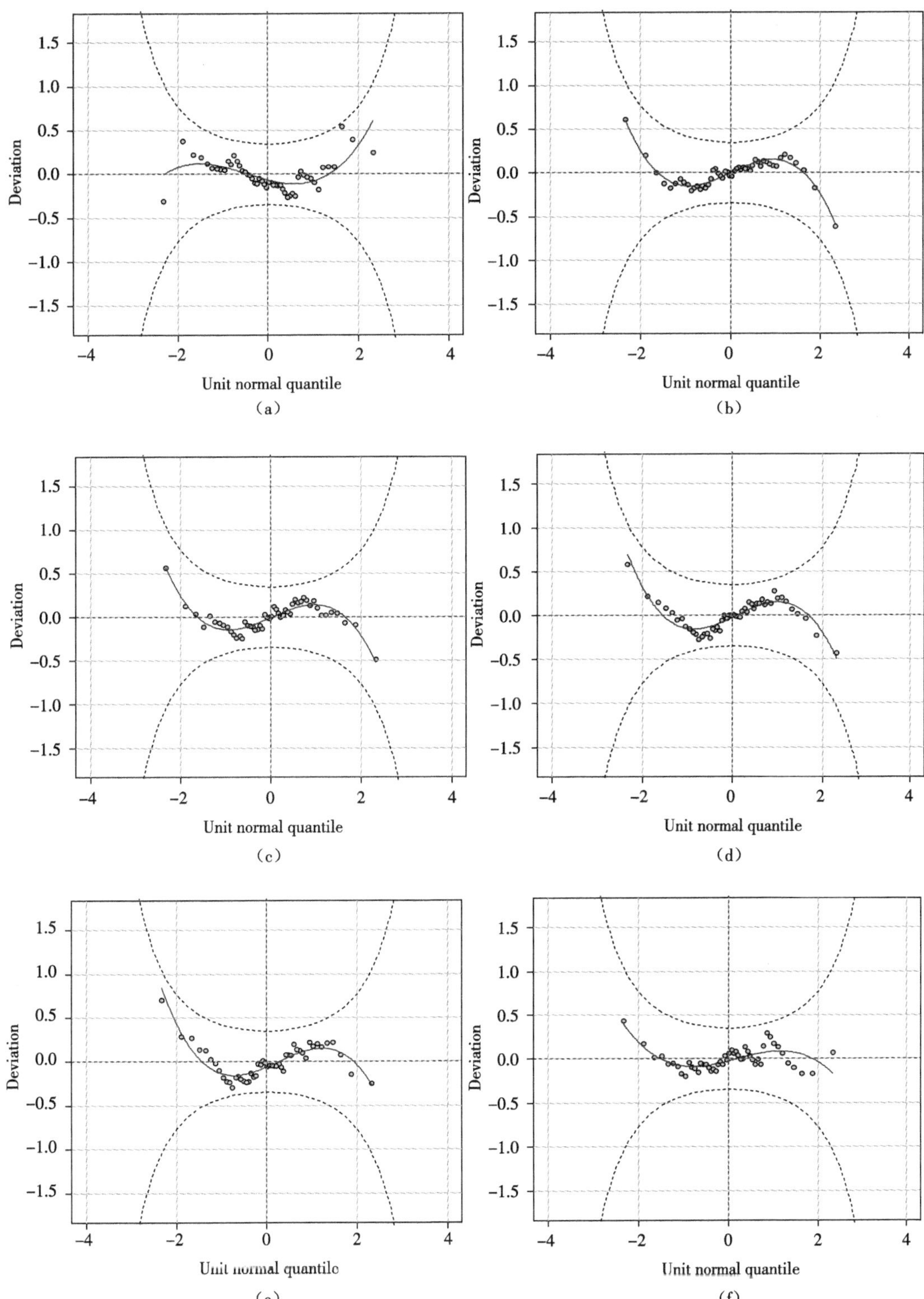


**图 5.6　以气候因子为协变量的非一致性模型融雪洪水特征序列最优分布拟合残差 worm 图**

(a)年最大洪峰流量序列　(b)年最大 1 日洪量序列　(c)年最大 3 日洪量序列　(d)年最大 7 日洪量序列
(e)年最大 15 日洪量序列　(f)年最大 30 日洪量序列

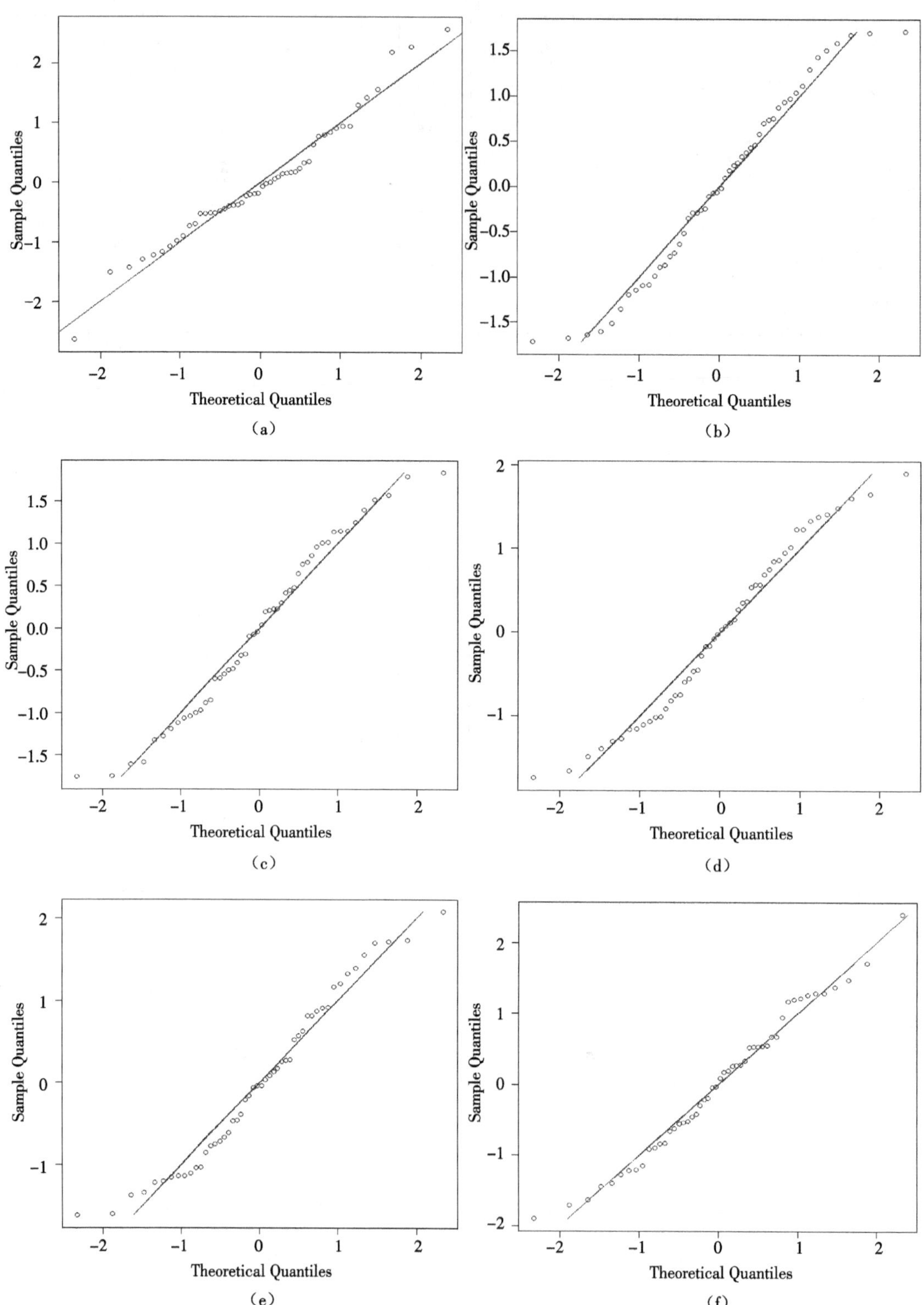


**图 5.7　以气候因子为协变量的非一致性模型融雪洪水特征序列最优分布拟合 QQ 图**

(a)年最大洪峰流量序列　(b)年最大 1 日洪量序列　(c)年最大 3 日洪量序列　(d)年最大 7 日洪量序列

(e)年最大 15 日洪量序列　(f)年最大 30 日洪量序列

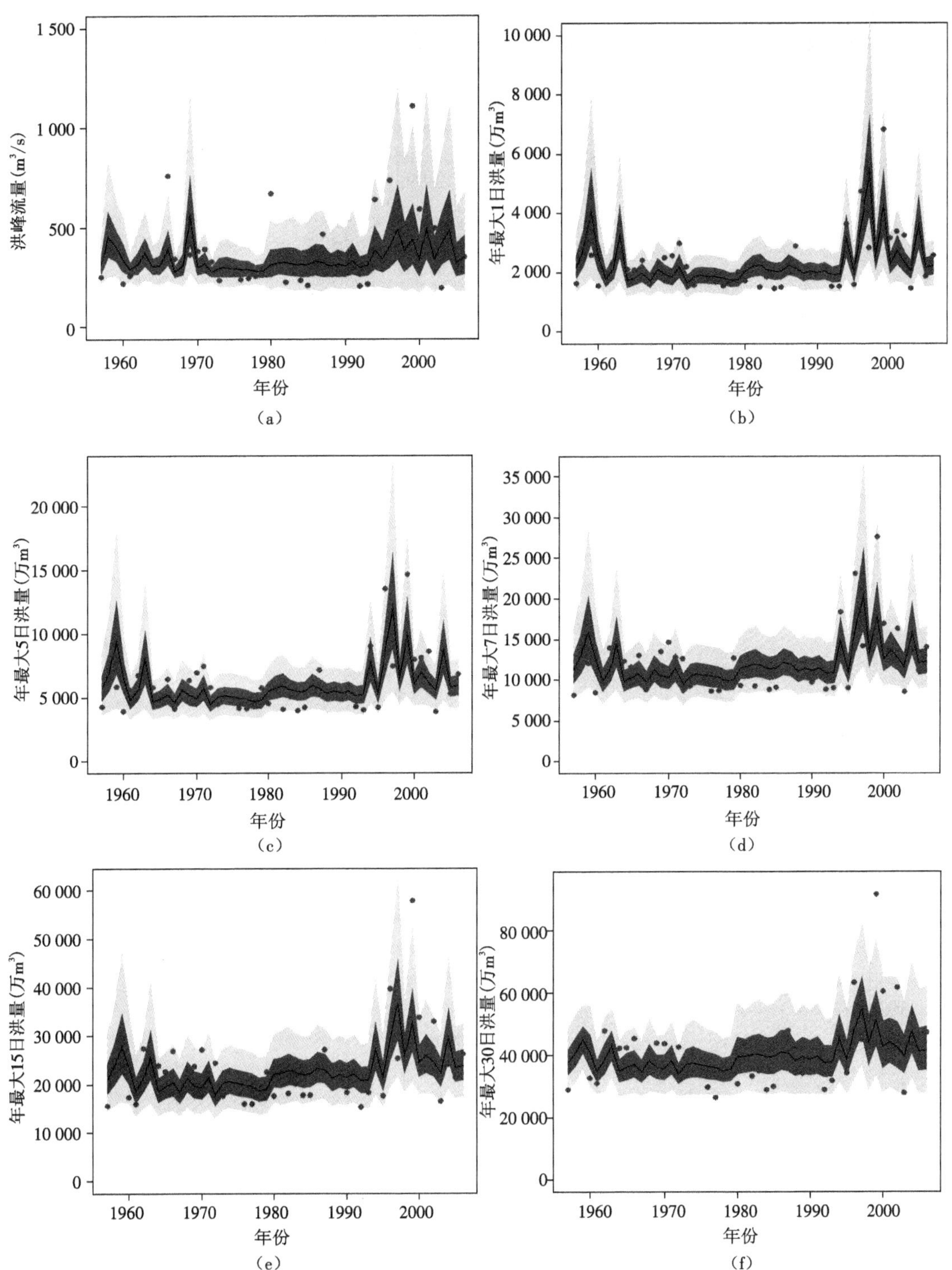


**图 5.8　以气候因子为协变量的融雪洪水特征序列最优拟合分布分位数灰度图**

(a)年最大洪峰流量序列　(b)年最大 1 日洪量序列　(c)年最大 3 日洪量序列　(d)年最大 7 日洪量序列　(e)年最大 15 日洪量序列　(f)年最大 30 日洪量序列

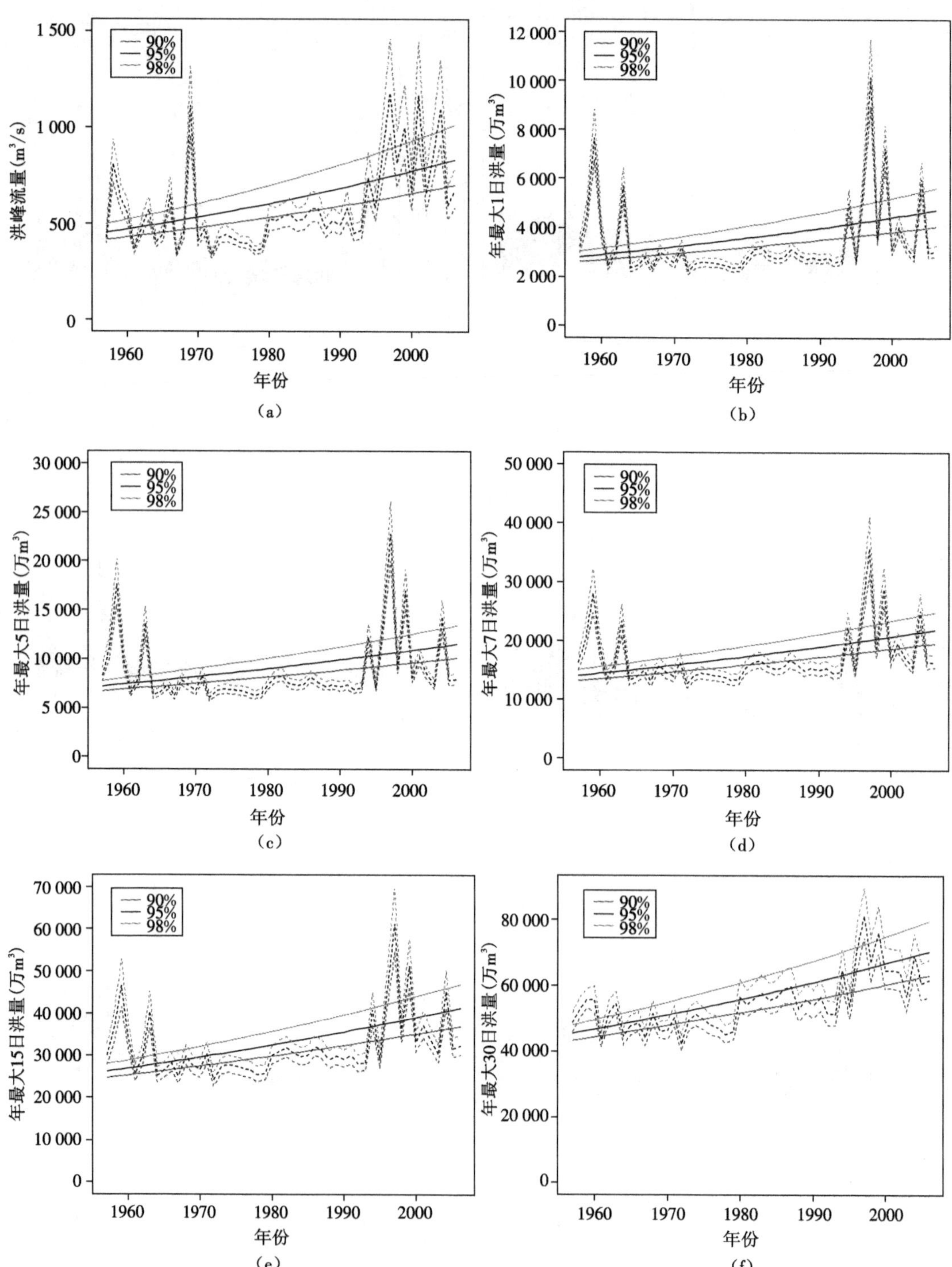


**图 5.9　以气候因子为协变量融雪洪水特征序列最优拟合分布 90%、95%、98%分位数曲线图**

(a)年最大洪峰流量序列　(b)年最大 1 日洪量序列　(c)年最大 3 日洪量序列　(d)年最大 7 日洪量序列

(e)年最大 15 日洪量序列　(f)年最大 30 日洪量序列

**表5.8　以气候因子为协变量融雪洪水特征序列98%、95%、90%分位数曲线极值及发生年份**

| 融雪洪水 | 极值 | 发生年份(年) | 融雪洪水分位数 | | |
|---|---|---|---|---|---|
| | | | 98% | 95% | 90% |
| 年最大洪峰流量($m^3/s$) | 最大值 | 1996 | 1 459 | 1 172 | 966 |
| | 最小值 | 1972 | 351 | 341 | 328 |
| 年最大1日洪量(万$m^3$) | 最大值 | 1996 | 11 636 | 10 141 | 8 937 |
| | 最小值 | 1972 | 2 013 | 2 215 | 2 077 |
| 年最大3日洪量(万$m^3$) | 最大值 | 1996 | 26 029 | 22 623 | 19 998 |
| | 最小值 | 1972 | 6 424 | 5 984 | 5 578 |
| 年最大7日洪量(万$m^3$) | 最大值 | 1996 | 41 058 | 35 625 | 31 400 |
| | 最小值 | 1972 | 13 721 | 12 744 | 11 939 |
| 年最大15日洪量(万$m^3$) | 最大值 | 1996 | 69 712 | 61 205 | 54 513 |
| | 最小值 | 1972 | 26 262 | 24 281 | 22 759 |
| 年最大30日洪量(万$m^3$) | 最大值 | 1996 | 89 702 | 80 799 | 74 637 |
| | 最小值 | 1972 | 44 883 | 42 446 | 40 431 |

融雪洪水特征序列的98%、95%、90%分位数曲线的最大值均出现在1996年，而最小值均发生在1972年。由于受到气候变化的影响，年最大洪峰流量在98%、95%、90%分位数下的动态变化范围分别为351～1 459 $m^3/s$、341～1 172 $m^3/s$、328～966 $m^3/s$，而年最大1日、3日、7日、15日及30日洪量的动态变化过程与年最大洪峰流量基本相似，其动态变化范围见表5.8。在非一致性融雪洪水频率分析中，98%、95%、90%分位数分别表示发生概率为0.02、0.05、0.1的洪水事件，与在传统的一致性假设下分别发生50年一遇、20年一遇、10年一遇的洪水事件相当，但并不相等[54,57]。表5.9给出了2008年水利部规划总院审核通过的兵团设计院肯斯瓦特水库设计洪水成果。将表5.9中肯斯瓦特水库设计洪水成果与表5.8中融雪洪水分位数值进行比较可知，融雪洪水值在气候变化和人类活动等因素的影响下，应该呈现出动态的变化过程，即其值应该有一个动态的变化范围；而设计洪水值是一个固定值，用它来衡量非一致性情况下的融雪洪水值，在枯水年会显得偏于保守，而在丰水年特别是大洪水出现的年份则可能存在一定的风险。

**表5.9　肯斯瓦特水库设计洪水成果**

| 融雪洪水 | 不同设计标准值 | | |
|---|---|---|---|
| | 50年 | 20年 | 10年 |
| 年最大洪峰流量($m^3/s$) | 1 249 | 856 | 600 |
| 年最大1日洪量(万$m^3$) | 7 406 | 5 206 | 3 756 |
| 年最大3日洪量(万$m^3$) | 15 920 | 12 090 | 9 425 |
| 年最大7日洪量(万$m^3$) | 29 430 | 23 120 | 18 620 |
| 年最大15日洪量(万$m^3$) | 56 830 | 44 230 | 35 340 |
| 年最大30日洪量(万$m^3$) | 93 383 | 74 599 | 61 042 |

## 5.3 本章小结

本章以肯斯瓦特水库年最大洪峰流量序列和年最大洪量序列为基础资料，基于GAMLSS理论构建传统的一致性模型以及基于时间为协变量和基于气候因子为协变量的两种非一致性模型，选取Log Normal分布、Gamma分布、Weibull分布、Gumbel分布及Poisson Inverse Gaussian分布五种两参数概率分布函数作为备选分布函数。对一致性和非一致性融雪洪水特征序列进行了分析，结果如下。

(1)在GAMLSS一致性模型中，依据GAIC判别准则，Log Normal分布为最优拟合分布，但是模型拟合残差Filliben系数没通过显著性检验，从残差分布矩、拟合残差worm图及拟合QQ图可以看出，模型残差不满足服从正态分布的要求，说明融雪洪水特征序列发生了变异，不符合一致性假设，融雪洪水特征序列存在非一致性。

(2)在以时间为协变量的GAMLSS非一致性模型中，依据GAIC判别准则，Log Normal分布为最优拟合分布，模型拟合残差Filliben系数通过了显著性检验，从残差分布矩、拟合残差worm图及拟合QQ图可以直观地看出，模型的标准残差较好地服从正态分布。从模型的分位数灰度图可发现，融雪洪水特征序列随着时间的推移呈上升的变化趋势。

(3)在人类活动干预较少的情况下，以气候因子为协变量的GAMLSS非一致性模型主要考虑了气候变化的影响，其物理成因机制与实际情况相符。年最大洪峰流量序列，年最大7日、15日及30日洪量序列Log Normal分布的*AIC*值最小，为最佳拟合分布，而年最大1日、3日洪量序列Gamma分布为最优拟合。模型的标准残差分布矩、Filliben相关系数、worm图以及QQ图均符合正态分布总体的要求，其分位数灰度图较好地描述了融雪洪水特征序列在环境变化影响下的动态变化过程，而气候变化是造成其动态变化的主要原因。

(4)本文给出了2008年水利部规划总院审核通过的兵团设计院肯斯瓦特水库设计洪水成果，将其与以气候因子为协变量的GAMLSS非一致性模型得到的98%、95%、90%分位数的动态变化范围进行了对比，融雪洪水值有一个动态的变化范围，而设计洪水值是一个固定值，用它来衡量在气候变化和人类活动等因素的影响下的融雪洪水值，在枯水年会显得偏于保守，而在丰水年特别是大洪水出现的年份则可能存在一定的风险。

# 第6章　基于混合分布模型的非一致性融雪洪水分析

洪水时间序列的非一致性不能仅仅依靠概率论与数理统计途径得出结果,还必须与物理机制方面相结合。时变矩方法以物理因子作为解释变量较好地描述了洪水时间序列的非一致性,但是在给定的设计标准条件下,其得到的设计洪水值随时间而发生变化,将其应用到水利工程水文设计中难度较大,有待进一步的研究。本章主要采用混合分布法和条件概率分布法直接对非一致性融雪洪水特征时间序列进行频率分析。

在气候变化和人类活动综合作用下导致了玛纳斯河肯斯瓦特水库入库融雪洪水特征时间序列的非一致性。本章选取玛纳斯河肯斯瓦特水库入库融雪洪水资料年最大洪峰流量序列、年最大1日洪量序列、年最大3日洪量序列、年最大7日洪量序列、年最大15日洪量序列及年最大30日洪量序列为基本数据,在融雪洪水特征时间序列变异点诊断结果基础上,采用混合分布法和条件概率分布法直接对非一致性融雪洪水特征时间序列进行频率分析,得到非一致性融雪洪水特征时间序列的设计洪水成果,并与肯斯瓦特水库2008年水利部规划总院审定的成果及不考虑变异的原序列P-Ⅲ分布拟合成果进行对比,分析环境变化对玛纳斯河肯斯瓦特水库入库融雪洪水的影响。最后采用同频率放大法对1996年典型融雪洪水过程进行放大,得到玛纳斯河肯斯瓦特水库非一致性融雪洪水的设计洪水过程线。

## 6.1　混合分布模型

### 6.1.1　混合分布模型定义

混合分布法是由 Singh 和 Sinclair[110] 最早提出并应用到非一致性洪水时间序列的频率分析计算中的,国内外许多水文学者开始逐渐关注此方法,并取得了一些研究成果。混合分布法直接对非一致性洪水极值时间序列进行频率分析,其假设非一致性洪水极值时间序列是由若干个一致性子分布混合而成,可表示为

$$F(x)=\alpha_1F_1(x)+\alpha_2F_2(x)+\cdots+\alpha_kF_k(x) \tag{6.1}$$

式中:$F_1(x),F_2(x),\cdots,F_k(x)$ 为 $k$ 个子分布的累积分布函数;$\alpha_1,\alpha_2,\cdots,\alpha_k$ 为各个子分布的权重系数,且满足 $\alpha_1+\alpha_2+\cdots+\alpha_k=1$。

为了确保模型参数估计的精确性,需要根据洪水形成机制,对洪水极值时间序列进行子序列的合理划分,使其服从相应的子分布,子序列划分得越多,混合分布模型所含的待估参数就越多,参数估计的难度也就越大,因此子序列的个数应该保持在最低限度。

为了降低模型参数估计的难度,本文假设混合分布模型由两个一致性子分布混合组成,寻求出一个变异点即可。假设非一致性融雪洪水特征时间序列 $X$ 的样本容量为 $n$,其变异点为 $\tau$,变异点之前的时间序列为 $X_1$,其样本容量为 $n_1=\tau$,子序列服从概率密度函数为 $f_1(x)$ 的分布;变异点之后的时间序列为 $X_2$,其样本容量为 $n_2=n-\tau$,子序列服从概率密度

函数为$f_2(x)$的分布；整体融雪洪水特征时间序列$X$服从概率密度函数为$f(x)$的混合分布，其表达式为

$$f(x)=\alpha f_1(x)+(1-\alpha)f_2(x) \tag{6.2}$$

式中：$\alpha$、$(1-\alpha)$分别为两个一致性子序列的权重系数。

根据我国《水利水电工程设计洪水计算规范》(SL 44—2006)要求，本文采用皮尔逊三型(P-Ⅲ)曲线对融雪洪水特征时间序列进行分布拟合。假设两个一致性融雪洪水子序列均服从P-Ⅲ型分布，概率密度函数分别为$f_1(x)$和$f_2(x)$，其表达式为

$$f_1(x)=\frac{\beta_1^{\alpha_1}}{\Gamma(\alpha_1)}(x-a_{01})^{\alpha_1-1}e^{-\beta_1(x-a_{01})} \tag{6.3}$$

$$f_2(x)=\frac{\beta_2^{\alpha_2}}{\Gamma(\alpha_2)}(x-a_{02})^{\alpha_2-1}e^{-\beta_2(x-a_{02})} \tag{6.4}$$

根据式(6.2)至式(6.4)，混合分布模型理论频率计算公式为

$$F(x)=\alpha\left(1-\frac{\beta_1^{\alpha_1}}{\Gamma(\alpha_1)}\int_{a_{01}}^{x}(t-a_{01})^{\alpha_1-1}e^{-\beta_1(t-a_{01})}dt\right)+$$
$$(1-\alpha)\left(1-\frac{\beta_2^{\alpha_2}}{\Gamma(\alpha_2)}\int_{a_{02}}^{x}(t-a_{02})^{\alpha_2-1}e^{-\beta_2(t-a_{02})}dt\right) \tag{6.5}$$

式中：$a_{0i}$、$\beta_i$和$\alpha_i$分别为两个子序列$f_i(x)$分布的位置、尺度和形状参数($i=1,2$)，可由统计参数均值$EX_i$、变差系数$C_{vi}$和偏态系数$C_{si}$来表示，其相互关系为$EX_i=a_{0i}+\alpha_i/\beta_i$，$C_{vi}=\sqrt{\alpha_i}/(a_{0i}\beta_i+\alpha_i)$，$C_{si}=2/\sqrt{\alpha_i}$。因此，两个P-Ⅲ型混合分布$f(x)$中共有$\alpha$、$EX_1$、$C_{v1}$、$C_{s1}$、$EX_2$、$C_{v2}$和$C_{s2}$等7个需要估计的模型参数。

### 6.1.2 混合分布模型参数估计

混合分布模型发展至今，有许多水文学者提出了很多种模型参数估计的方法，其中主要包括非线性优化算法[111]、极大似然估计法(ML)[112]、广义概率权重矩法(GPWM)和最大熵准则法(POME)[113]等。这些方法都具有一定的局限性，参数估计问题制约了混合分布模型的广泛使用。成静清等[114]认为可以将混合分布模型的参数估计问题当作是组合优化问题，参数估计采用全局优化算法——模拟退火算法。该方法不受模型参数个数的限制，并且可以克服人工适线产生的误差，但是在有些水文站点所得到的$C_s/C_v$值与国家规范推荐的参考值相差比较大，其物理意义值得商榷[115]。本文为了满足其物理意义的要求，首先根据肯斯瓦特水库邻近水文站及玛纳斯河流域其他水文站的实测水文资料，确定$C_s/C_v$值的变化范围为[2.5,4.5]，然后以此作为约束条件，并且以频率离差绝对值和(ABS)最小为目标函数，采用模拟退火算法对混合分布模型的参数进行估计，结果表明此方法得到的参数估计结果能够保证计算精度并满足实际要求。

模拟退火算法是非线性数学优化理论中的一种模型，对于求解组合优化问题的近似全局最优解非常有效。此方法简单灵活、受初始条件限制少、运行效率高，并且具有良好的鲁棒性。其具体的计算思路概括为：给定初始解$X_0$并开始探测整个解空间，通过扰动生成一个新解$X^N$，若新解$X^N$通过Metropolis准则判定，则接受此解，相应地下降控制温度；若没通过判定，则继续通过扰动生成新解；如此循环，直至最终得到最优解。具体计算步骤

如下[116]。

(1)采用矩法初估参数,给定初始解 $X_0$,假设该点为当前最优点 $X^0=X_0$,并计算其目标函数值 $f(X^0)$。

(2)设置初始温度 $T=T_0$,为确保计算精度,$T_0$ 应该足够大,$T_0$ 对应的降温次数 $n=0$。

(3)令循环计数器的初始次数为 $k=1$,最大循环步数为 $LOOP_{\max}$。

(4)对最优点 $X^0$ 在约束条件内做随机扰动,生成一个新的最优点 $X^N$,并计算其目标函数值 $f(X^N)$ 以及目标函数的增量 $\Delta f=f(X^N)-f(X^0)$。

(5)若 $\Delta f\leqslant 0$,则接受 $X^N$ 为当前最优点 $X^0=X^N$;若 $\Delta f>0$,计算 $p=\exp(-\Delta f/T)$,如果 $p>\mathrm{rand}(0,1)$,则接受 $X^N$ 为当前最优点 $X^0=X^N$;否则 $X^0$ 不变。

(6)若 $k<LOOP_{\max}$,则 $k=k+1$;转向第(4)步。

(7)若不满足收敛准则,则根据温度更新函数更新温度,即令 $T=T(n)$,相应降温次数 $n=n+1$,转向第(3)步;若满足收敛准则,则输出当前最优点,计算结束。收敛准则是指没有新解生成或者控制参数足够小。

### 6.1.3　混合分布与条件概率分布模型比较

Singh 和 Wang 等[117]根据洪水形成机理的差异性,最早提出了用条件概率分布法来推求非一致性洪水时间序列的频率分布。基于概率统计原理和条件概率分布法,宋松柏等[118]提出了具有跳跃变异的非一致分布水文时间序列频率计算方法,由于这种考虑变异点的条件概率分布模型与传统的条件概率分布模型的统计原理相似,本文为了方便起见,也将其称为条件概率分布模型,具体原理如下。

假设一个容量为 $N$ 的洪水时间序列,根据变异诊断并结合物理成因分析所得到的变异点,从时间上将全序列划分成 $s$ 个子序列,假设各个子序列的长度分别为 $n_1,n_2,\cdots,n_s$,且互不重叠,如图 6.1 所示。则一个具有跳跃变异的非一致性洪水时间序列 $X$ 的样本为

$$X=\{X_1,X_2,\cdots,X_s\}=\{x_{11},\cdots,x_{1n_1},x_{21},\cdots,x_{2n_2},\cdots,x_{s1},\cdots,x_{sn_s}\} \tag{6.6}$$

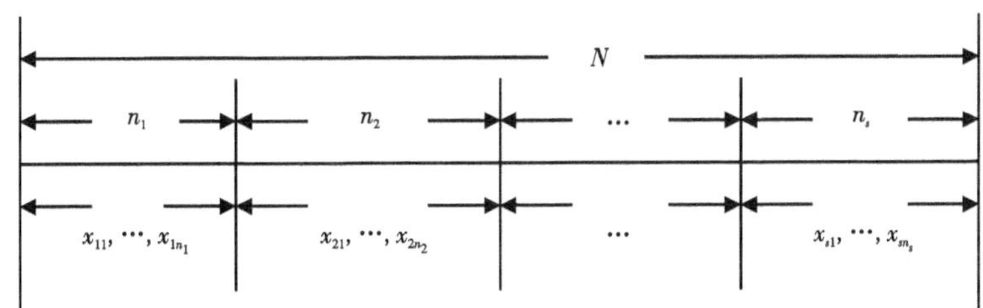


**图 6.1　洪水时间序列样本空间**

基于跳跃变异的条件概率分布模型与 Singh 和 Wang 等提出的传统的条件概率分布模型的基本假定相似,同样基于四项基本假定。

(1)各子序列 $X_i$ 中的洪水极值形成的物理条件相同,并服从同一分布 $P_i(x)$,但不同子序列间具有不同的分布形式,即 $P_i(x)\neq P_j(x)$,$i\neq j$,$i,j=1,2,\cdots,s$;

(2)不同子序列 $X_i$ 之间相互独立,即

$$\left.\begin{aligned} p(X_i \geqslant x, X_j \geqslant x) &= p_i(x)p_j(x) \quad i \neq j \\ p\{X_i \geqslant x, X_j \geqslant x, X_k \geqslant x\} &= p_i(x)p_j(x)p_k(x) \quad i \neq j \neq k \\ &\vdots \\ p(X_1 \geqslant x, \cdots, X_s \geqslant x) &= p_1(x)\cdots p_s(x) \end{aligned}\right\} \tag{6.7}$$

(3)洪水极值变量 $X$ 可能以不同的概率发生在不同的时间段内(子序列)。如第 $i$ 个洪水极值 $X(i)$ 可能发生在 $X_1$ 序列,也可能发生在 $X_2$ 序列,但是 $X_1$ 和 $X_2$ 序列属于不同的分布。

定义$\{A_i\}$为洪水极值变量 $X$ 发生在第 $i$ 个时间段内,$i=1,2,\cdots,s$,则

$$\left.\begin{aligned} &0 < P(A_i) < 1 \quad (i=1,2,\cdots,s) \\ &\sum_{i=1}^{s} P(A_i) = 1 \end{aligned}\right\} \tag{6.8}$$

(4)$\{A_i\}$为互不相容事件,$i=1,2,\cdots,s$,设 $\Omega$ 为洪水极值变量 $X$ 发生的样本空间,则

$$\left.\begin{aligned} &A_i \cap A_j = \varnothing \quad (i \neq j, i,j=1,2,\cdots,s) \\ &\sum_{i=1}^{s} A_i = \Omega \end{aligned}\right\} \tag{6.9}$$

根据以上假定,具有跳跃变异的非一致分布洪水时间序列频率计算推导如下:设事件 $B=(X\geqslant x)$一定发生在$\{A_i\}$中之一,$i=1,2,\cdots,s$;$\Omega=A_1\cup A_2\cup\cdots\cup A_s$,$B=B\Omega=B(A_1\cup A_2\cup\cdots\cup A_s)=BA_1\cup BA_2\cup\cdots\cup BA_s$;$BA_i\cap BA_j=\varnothing$,$i\neq j,i,j=1,2,\cdots,s$。采用全概率公式,可推导出基于跳跃变异的条件概率分布模型的频率分布 $F(x)$为

$$F(x)=P(X\geqslant x)=\sum_{i=1}^{s} P(A_i)P(X\geqslant x|A_i)=\sum_{i=1}^{s} P(A_i)P(x|A_i) \tag{6.10}$$

式中:$P(A_i)$为洪水极值变量 $X$ 在第 $i$ 个时间段(序列 $X_i$ 中)发生的概率,为 $n_i/n$;$P(x|A_i)$为事件 $B=(X\geqslant x)$在第 $i$ 个序列 $X_i$ 中发生的概率,可根据第 $i$ 个序列 $X_i$ 选用适当的分布函数,按照一般的频率分析方法进行拟合计算,即 $P(x|A_i)=P(X\geqslant x|A_i)=\int_x^{\infty} f_i(t)\,\mathrm{d}t=1-\int_{-\infty}^{x} f_i(t)\,\mathrm{d}t$,其中 $f_i(x)$为选用的分布密度函数。

本文所用实测融雪洪水特征时间序列年限较短,结合物理成因分析,一般选取一个最为可能的跳跃变异点即可,融雪洪水特征时间序列被其分为两个子序列。假设两个子序列的长度分别为 $n_1$ 和 $n_2$,对其分别采用不同的 P-Ⅲ型分布曲线进行拟合,根据式(6.10)可得基于跳跃变异的条件概率分布模型,即非一致性融雪洪水特征时间序列的超过概率形式的理论频率公式:

$$\begin{aligned} F(x)=&\frac{n_1}{n}\left(1-\frac{\beta_1^{\alpha_1}}{\Gamma(\alpha_1)}\int_{a_{01}}^{x}(t-\alpha_{01})^{\alpha_1-1}\mathrm{e}^{-\beta_1(t-a_{01})}\,\mathrm{d}t\right)+ \\ &\frac{n_2}{n}\left(1-\frac{\beta_2^{\alpha_2}}{\Gamma(\alpha_2)}\int_{a_{02}}^{x}(t-a_{02})^{\alpha_2-1}\mathrm{e}^{-\beta_2(t-a_{02})}\,\mathrm{d}t\right) \end{aligned} \tag{6.11}$$

式中:$a_{0i}$、$\beta_i$ 和 $\alpha_i$ 分别为两个子序列 P-Ⅲ型分布的位置、尺度和形状参数($i=1,2$),可由子序列统计参数均值 $EX_i$、变差系数 $C_v$ 和偏态系数 $C_s$ 来表示。

基于跳跃变异的条件概率分布模型与混合分布模型的差异性,通过对理论超过概率公

式(6.11)与公式(6.5)比较可知,均具有7个待估参数,其主要区别在于两个子分布的权重系数。采用模拟退火算法对这两种模型的参数进行估计,相对于基于跳跃变异的条件概率分布模型而言,两个子序列的长度已知,可直接通过计算得到两个子分布的权重系数,使得待估参数减少至6个,降低了模型参数的自由度;而混合分布模型中两个子分布的权重系数不可知,模型中7个待估参数通过全局最优算法可得到模型的最优参数组合。基于跳跃变异的条件概率分布模型的参数寻优空间要小于混合分布模型,致使在采用模拟退火算法推求全局最优解时,其目标函数值大于或等于混合分布模型目标函数值;而且如果基于跳跃变异的条件概率分布模型的两个子序列是通过分别拟合子分布线型来求得模型参数,则其拟合优度和参数精度均要低于混合分布模型。这与成静清等[114]、李新等[119]和冯平等[120]的研究成果一致。因此,对于非一致性融雪洪水特征时间序列的频率分析,混合分布模型优于基于跳跃变异的条件概率分布模型。

针对非一致性融雪洪水特征时间序列频率分析,本章主要采用混合分布模型和基于跳跃变异的条件概率分布模型对非一致分布融雪洪水特征时间序列进行分析计算,将得到的设计成果与肯斯瓦特水库2008年水利部规划总院审定的设计成果以及不考虑变异的原序列传统P-Ⅲ型分布计算的设计成果比较,分析气候变化和人类活动对肯斯瓦特水库入库设计洪水的影响。

## 6.2 基于混合分布模型的融雪洪水分析

玛纳斯河肯斯瓦特水库入库融雪洪水资料年限为1957—2006年,其中1966年7月28日发生的特大洪水灾害,最大洪峰流量达758 $m^3/s$;1996年7月18日发生的特大洪水灾害,最大洪峰流量为735 $m^3/s$;1999年8月2日发生的特大洪水灾害,最大洪峰洪量为1 100 $m^3/s$。由第3章3.1节得出的肯斯瓦特水库融雪洪水特征时间序列变异点诊断结果可知,肯斯瓦特水库融雪洪水特征时间序列中年最大洪峰流量序列、年最大1日洪量序列、年最大3日洪量序列、年最大7日洪量序列、年最大15日洪量序列及年最大30日洪量序列的变异点均为1993年。

### 6.2.1 模型参数估计

对于混合分布模型,首先根据玛纳斯河肯斯瓦特水库邻近的水文站及玛纳斯河流域石门子、渠首、八家户、藏传佛教寺庙等水文站实测水文资料,确定 $C_s/C_v$ 值的变化范围为[2.5,4.5],然后以此为约束条件,并且以频率离差绝对值和($ABS$)最小为目标函数,采用模拟退火算法对模型参数进行估计。对于基于跳跃变异的条件概率分布模型中的两个子序列和不考虑变异的原融雪洪水序列采用传统的P-Ⅲ型分布曲线拟合,通过线性矩法结合优化适线法对传统的P-Ⅲ型分布进行参数估计。

表6.1和表6.2分别给出了基于跳跃变异的条件概率分布模型和混合分布模型的参数估计结果。由表6.1可以看出玛纳斯河肯斯瓦特水库入库融雪洪水特征时间序列变异点前后两个子序列 $A_1$ 和 $A_2$ 的各参数均发生了明显改变,从表6.2同样可以发现融雪洪水特征时间序列在变异点前后的各参数也均发生了明显改变,由此可以说明流域气候变化导致了

玛纳斯河肯斯瓦特水库入库融雪洪水特征时间序列分布参数发生了显著变化，变异点诊断结果与实际情况相符，其结果是合理可靠的。

**表 6.1 条件概率分布及原序列 P-Ⅲ型分布参数估计值**

| 融雪洪水特征序列 | | $EX$ | $C_v$ | $C_s$ | $\alpha$ | $\beta$ | $a_0$ |
|---|---|---|---|---|---|---|---|
| 年最大洪峰流量序列 | $A_1$ | 321.220 | 0.356 | 1.600 | 1.562 | 0.011 | 178.456 |
| | $A_2$ | 507.846 | 0.457 | 2.056 | 0.946 | 0.004 | 282.137 |
| | 原序列 | 369.740 | 0.470 | 2.240 | 0.797 | 0.005 | 214.581 |
| 年最大 1 日洪量序列 | $A_1$ | 0.203 | 0.232 | 1.043 | 3.678 | 40.712 | 0.113 |
| | $A_2$ | 0.320 | 0.442 | 1.990 | 1.010 | 7.106 | 0.178 |
| | 原序列 | 0.230 | 0.420 | 2.02 | 0.980 | 10.250 | 0.134 |
| 年最大 3 日洪量序列 | $A_1$ | 0.539 | 0.205 | 0.923 | 4.697 | 19.610 | 0.299 |
| | $A_2$ | 0.800 | 0.391 | 1.953 | 1.048 | 3.278 | 0.480 |
| | 原序列 | 0.610 | 0.350 | 1.810 | 1.221 | 5.176 | 0.374 |
| 年最大 7 日洪量序列 | $A_1$ | 1.104 | 0.176 | 0.793 | 6.356 | 12.949 | 0.614 |
| | $A_2$ | 1.555 | 0.339 | 1.526 | 1.717 | 2.484 | 0.864 |
| | 原序列 | 1.220 | 0.310 | 1.590 | 1.582 | 3.326 | 0.744 |
| 年最大 15 日洪量序列 | $A_1$ | 2.104 | 0.172 | 0.600 | 11.108 | 9.241 | 0.902 |
| | $A_2$ | 2.931 | 0.366 | 1.647 | 1.475 | 1.133 | 1.628 |
| | 原序列 | 2.320 | 0.320 | 1.760 | 1.291 | 1.531 | 1.476 |
| 年最大 30 日洪量序列 | $A_1$ | 3.746 | 0.160 | 0.720 | 7.717 | 4.635 | 2.081 |
| | $A_2$ | 5.074 | 0.317 | 1.427 | 1.963 | 0.871 | 2.819 |
| | 原序列 | 4.090 | 0.290 | 1.780 | 1.263 | 0.947 | 2.757 |

**表 6.2 混合分布参数估计值**

| 融雪洪水特征序列 | $\alpha$ | $EX_1$ | $C_{v1}$ | $C_{s1}$ | $EX_2$ | $C_{v2}$ | $C_{s2}$ |
|---|---|---|---|---|---|---|---|
| 年最大洪峰流量序列 | 0.56 | 305.40 | 0.32 | 1.72 | 482.84 | 0.48 | 2.21 |
| 年最大 1 日洪量序列 | 0.84 | 0.22 | 0.33 | 1.23 | 0.33 | 0.53 | 2.35 |
| 年最大 3 日洪量序列 | 0.77 | 0.55 | 0.30 | 1.20 | 0.81 | 0.40 | 2.81 |
| 年最大 7 日洪量序列 | 0.66 | 1.09 | 0.15 | 0.46 | 1.53 | 0.35 | 2.09 |
| 年最大 15 日洪量序列 | 0.84 | 2.18 | 0.21 | 0.80 | 3.11 | 0.50 | 1.49 |
| 年最大 30 日洪量序列 | 0.49 | 3.95 | 0.16 | 0.77 | 4.33 | 0.35 | 1.94 |

### 6.2.2 融雪洪水特征序列分布拟合

根据混合分布模型参数估计的结果，按照式(6.5)计算入库融雪洪水特征时间序列混合分布模型的理论频率。对于条件概率分布模型，根据式(6.6)中变异点($s=2$)将融雪洪水时间序列($n=50$)划分为1993年以前($C_v$)序列$A_1$和1993年以后($C_s$)序列$A_2$,则$P(A_1)=37/50$,$P(A_2)=13/50$。图6.2给出了肯斯瓦特水库非一致性融雪洪水特征时间序列的传统P-Ⅲ型分布、条件概率分布及混合分布拟合情况。从图6.2中可直观地看出,传统P-Ⅲ型分布拟合曲线在曲线的上部、中部弯曲部分与经验频率点据的拟合效果均较混合分布及条件概率分布拟合效果差,而混合分布较条件概率分布拟合效果好;但对于年最大7日洪量序列,这两种理论频率分布的拟合效果十分接近。在拟合曲线的下尾部,传统P-Ⅲ型分布与经验频率点据的拟合效果均比混合分布及条件概率分布拟合效果要好,而混合分布较条件概率分布拟合效果好;但对于年最大7日洪量序列的拟合效果,条件概率分布比混合分布要好。由此可见,这三种理论频率分布与经验频率点据的拟合存在一些差异,虽然在拟合曲线有些地方混合分布与条件概率分布拟合差异不明显,但是这些差异会导致设计洪水值有比较大的差别,特别是拟合曲线的上部差异,会导致其设计洪水值给设计的水利工程安全带来巨大的风险。

### 6.2.3 融雪洪水特征序列分布拟合检验及优度比较

肯斯瓦特水库入库融雪洪水特征时间序列的分布拟合情况需要进行拟合检验,运用Kolmogorov-Smirnov(K-S)检验法[121]检验条件概率分布和混合分布是否符合非一致性融雪洪水特征时间序列所服从的潜在概率分布,并对其拟合优度进行比较评价。构造统计量$D$为

$$D=\max_{-\infty<x<+\infty}|F_n(x)-F_0(x)| \tag{6.12}$$

式中:$D$为柯尔莫哥洛夫统计量,假设样本服从待检验分布,当$D>D_n(\alpha)$时,拒绝原假设;当$D\leqslant D_n(\alpha)$时,接受原假设;$n$为样本容量;$\alpha$为显著性水平($C_s$);$F_n(x)$为样本累积频率分布函数(样本经验频率);$C_v$为等待检验的累积频率分布函数。

采用离差平方和(OLS)最小准则[122]及AIC准则[122]对肯斯瓦特水库入库融雪洪水特征序列条件概率分布和混合分布拟合优度进行比较评价。取K-S检验的显著性水平$C_s$与$R^2$所对应的分位数近似为0.192 3,即$D_{50}(0.05)=0.192\ 3$。当$D$值小于0.192 3时,则通过检验。肯斯瓦特水库非一致性融雪洪水特征序列条件概率分布和混合分布拟合检验及拟合优度比较结果,见表6.3。

从表6.3可知,玛纳斯河肯斯瓦特水库入库年最大洪峰流量序列、年最大1日洪量序列、年最大3日洪量序列、年最大7日洪量序列、年最大15日洪量序列及年最大30日洪量序列的条件概率分布模型和混合分布模型的统计量$D$值均小于0.192 3,拟合均通过了检验;入库融雪洪水特征序列的混合分布模型的*OLS*值及*AIC*值均小于条件概率分布模型的*OLS*值及*AIC*值,说明混合分布模型为肯斯瓦特水库入库融雪洪水特征序列的最优拟合分布模型。

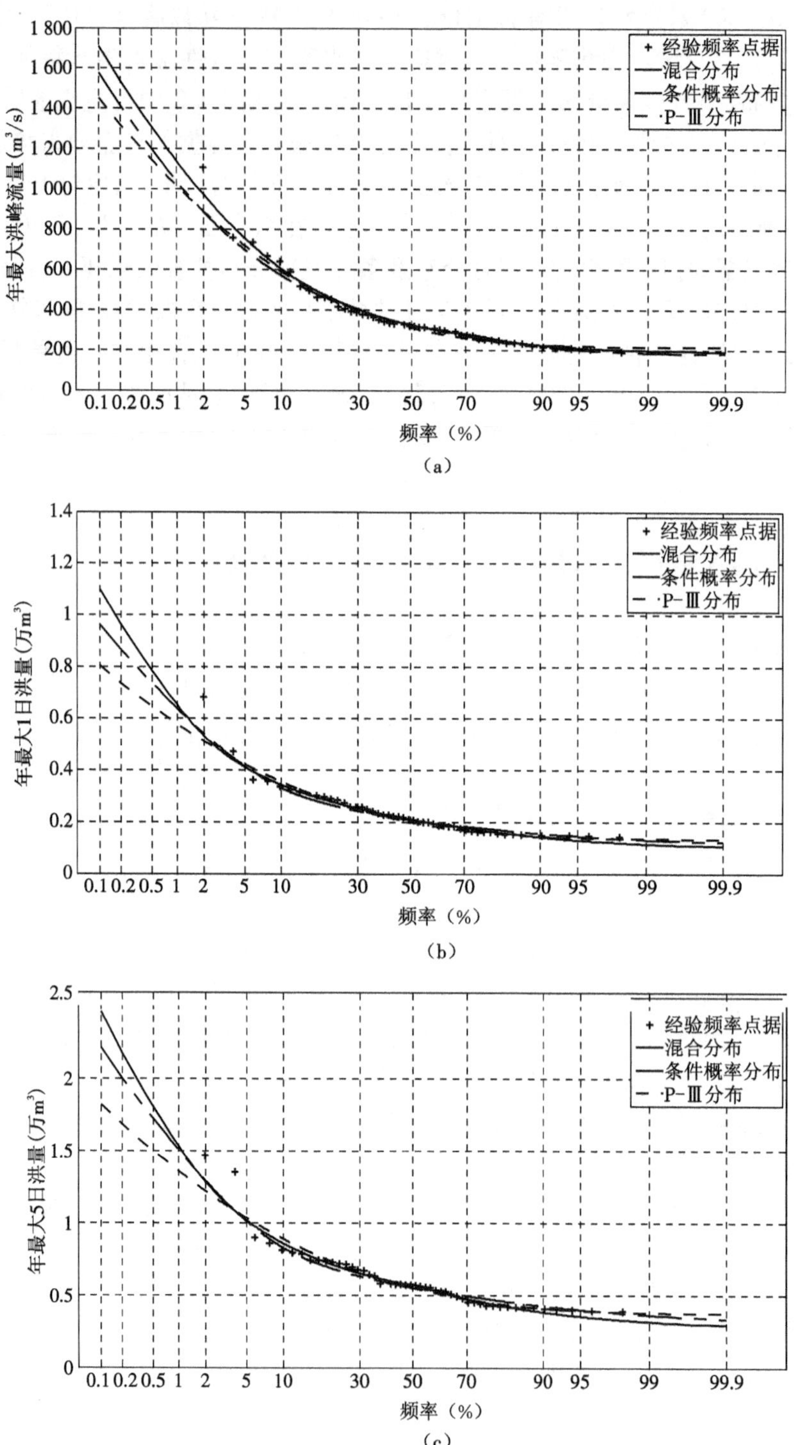


**图 6.2　肯斯瓦特水库入库融雪洪水时间序列分布拟合**

(a)年最大洪峰流量序列　(b)年最大1日洪量序列　(c)年最大3日洪量序列　(d)年最大7日洪量序列　(e)年最大15日洪量序列　(f)年最大30日洪量序列

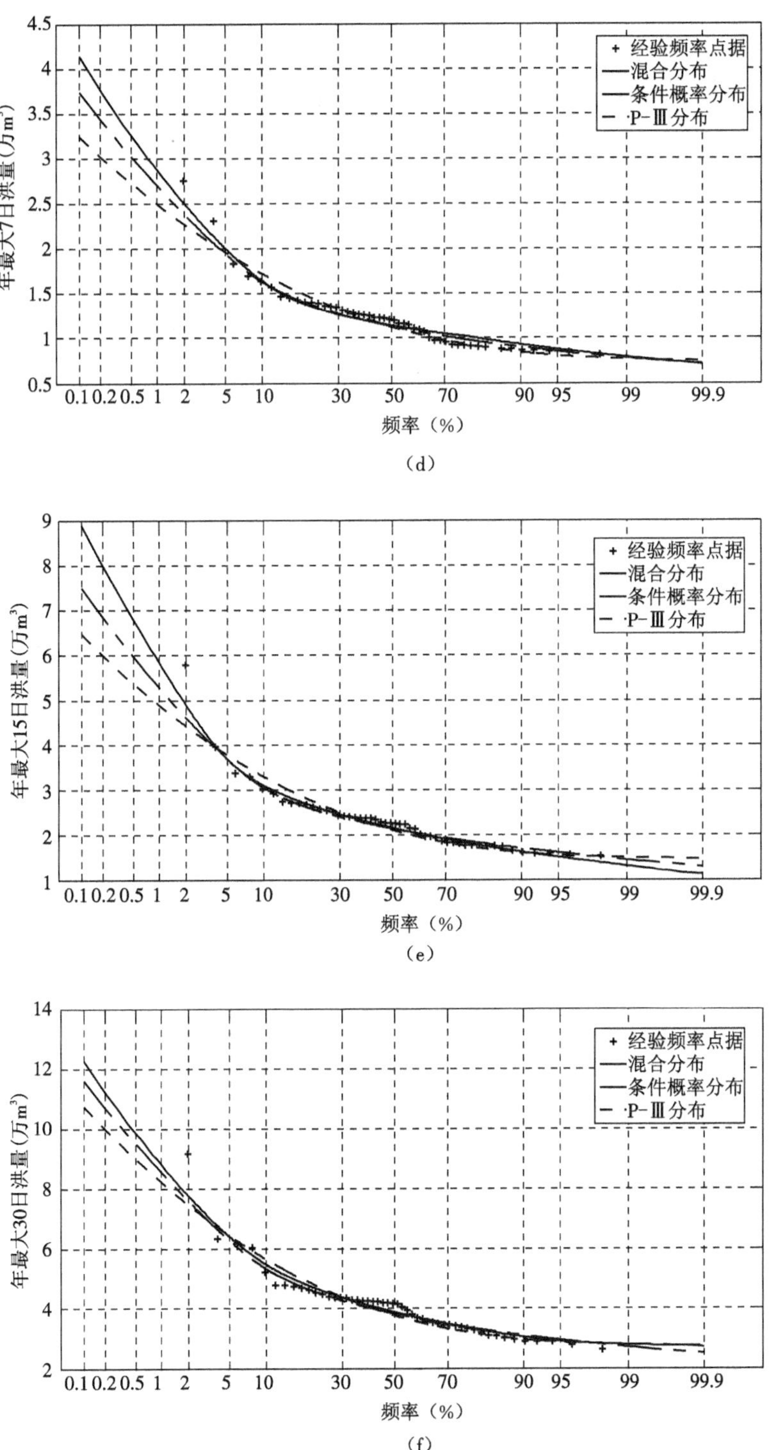


**图6.2　肯斯瓦特水库入库融雪洪水时间序列分布拟合(续)**

**表 6.3 肯斯瓦特水库入库融雪洪水特征序列分布拟合检验及拟合优度比较**

| 融雪洪水特征序列 | *D* | | *OLS* | | *AIC* | |
|---|---|---|---|---|---|---|
| | 条件概率分布 | 混合分布 | 条件概率分布 | 混合分布 | 条件概率分布 | 混合分布 |
| 年最大洪峰流量序列 | 0.082 5 | 0.061 6 | 0.043 | 0.027 | -309.696 | -345.979 |
| 年最大 1 日洪量序列 | 0.082 6 | 0.089 3 | 0.038 | 0.030 | -320.249 | -335.774 |
| 年最大 3 日洪量序列 | 0.100 1 | 0.093 8 | 0.046 | 0.039 | -302.132 | -309.760 |
| 年最大 7 日洪量序列 | 0.176 7 | 0.113 4 | 0.087 | 0.058 | -230.787 | -278.048 |
| 年最大 15 日洪量序列 | 0.125 6 | 0.113 2 | 0.049 | 0.040 | -295.152 | -307.842 |
| 年最大 30 日洪量序列 | 0.151 7 | 0.129 9 | 0.056 | 0.051 | -281.816 | -284.513 |

## 6.2.4 融雪洪水特征序列设计洪水成果比较

根据 6.2.2 节得到的肯斯瓦特水库非一致性融雪洪水特征序列条件概率分布模型拟合曲线和混合分布模型拟合曲线,通过计算可得到不同设计标准下考虑变异情况下融雪洪水特征序列的设计洪水成果,在此只考虑最优分布模型(混合分布模型)设计洪水成果与 2008 年审定的设计洪水成果和不考虑跳跃变异情况下的传统 P-Ⅲ型分布曲线拟合的设计洪水成果的比较分析以及不考虑跳跃变异情况下的传统 P-Ⅲ型分布曲线拟合的设计洪水成果与 2008 年审定的设计洪水成果的比较分析,其结果见表 6.4。

**表 6.4 肯斯瓦特水库入库设计洪水成果比较**

| 融雪洪水特征序列 | 分布类型 | 不同标准设计值 | | | | | | | | |
|---|---|---|---|---|---|---|---|---|---|---|
| | | 5 000 年 | 2 000 年 | 1 000 年 | 500 年 | 200 年 | 100 年 | 50 年 | 20 年 | 10 年 |
| 年最大洪峰流量($m^3/s$) | 2008 年审定成果 | 3 601 | 3 106 | 2 747 | 2 382 | 1 914 | 1 574 | 1 249 | 856 | 600 |
| | P-Ⅲ型分布 | 1 756.05 | 1 581.94 | 1 450.56 | 1 319.52 | 1 146.95 | 1 017.03 | 887.82 | 718.54 | 592.18 |
| | 条件概率分布 | 1 958 | 1 741 | 1 577 | 1 414 | 1 199 | 1 039 | 885.4 | 697.9 | 572.9 |
| | 混合分布 | 2 111 | 1 882 | 1 709 | 1 537 | 1 310 | 1 140 | 971.5 | 756.1 | 605.2 |
| | 变化比例①(%) | -41.38 | -39.41 | -37.79 | -35.47 | -31.56 | -27.57 | -22.22 | -11.67 | 0.87 |
| | 变化比例②(%) | 20.21 | 18.97 | 17.82 | 16.48 | 14.22 | 12.09 | 9.43 | 5.23 | 2.20 |
| | 变化比例③(%) | -51.23 | -49.07 | -47.19 | -44.60 | -40.08 | -35.39 | -28.92 | -16.06 | -1.30 |
| 年最大 1 日洪量($\times 10^8 m^3$) | 2008 年审定成果 | 2.06 | 1.78 | 1.57 | 1.37 | 1.11 | 0.92 | 0.74 | 0.52 | 0.38 |
| | P-Ⅲ型分布 | 0.96 | 0.87 | 0.80 | 0.74 | 0.65 | 0.58 | 0.51 | 0.42 | 0.36 |
| | 条件概率分布 | 1.19 | 1.06 | 0.96 | 0.87 | 0.74 | 0.64 | 0.54 | 0.41 | 0.33 |
| | 混合分布 | 1.42 | 1.24 | 1.10 | 0.96 | 0.78 | 0.65 | 0.53 | 0.41 | 0.34 |
| | 变化比例①(%) | -30.92 | -30.47 | -29.78 | -29.52 | -29.28 | -29.07 | -28.14 | -21.06 | -8.62 |
| | 变化比例②(%) | 48.23 | 42.41 | 37.63 | 30.20 | 20.66 | 12.52 | 4.41 | -2.07 | -4.56 |
| | 变化比例③(%) | -53.40 | -51.18 | -48.98 | -45.87 | -41.39 | -36.96 | -31.17 | -19.39 | -4.26 |

续表

| 融雪洪水特征序列 | 分布类型 | 不同标准设计值 | | | | | | | | |
|---|---|---|---|---|---|---|---|---|---|---|
| | | 5 000 年 | 2 000 年 | 1 000 年 | 500 年 | 200 年 | 100 年 | 50 年 | 20 年 | 10 年 |
| 年最大3日洪量（$\times10^8 m^3$） | 2008 年审定成果 | 3.73 | 3.29 | 2.96 | 2.63 | 2.21 | 1.90 | 1.59 | 1.21 | 0.94 |
| | P-Ⅲ型分布 | 2.14 | 1.95 | 1.82 | 1.68 | 1.50 | 1.36 | 1.22 | 1.03 | 0.89 |
| | 条件概率分布 | 2.71 | 2.43 | 2.21 | 2.00 | 1.72 | 1.50 | 1.29 | 1.01 | 0.83 |
| | 混合分布 | 3.14 | 2.75 | 2.46 | 2.17 | 1.80 | 1.53 | 1.28 | 1.02 | 0.86 |
| | 变化比例①（%） | -15.94 | -16.44 | -16.93 | -17.51 | -18.52 | -19.30 | -19.47 | -15.96 | -8.87 |
| | 变化比例②（%） | 46.64 | 41.03 | 35.11 | 29.29 | 20.00 | 12.50 | 5.08 | -1.36 | -3.44 |
| | 变化比例③（%） | -42.67 | -40.75 | -38.51 | -36.19 | -32.10 | -28.27 | -23.37 | -14.81 | -5.62 |
| 年最大7日洪量（$\times10^8 m^3$） | 2008 年审定成果 | 6.39 | 5.68 | 5.15 | 4.63 | 3.95 | 3.44 | 2.94 | 2.31 | 1.86 |
| | P-Ⅲ型分布 | 3.76 | 3.47 | 3.25 | 3.02 | 2.73 | 2.50 | 2.27 | 1.96 | 1.72 |
| | 条件概率分布 | 4.45 | 4.05 | 3.75 | 3.44 | 3.03 | 2.71 | 2.38 | 1.94 | 1.63 |
| | 混合分布 | 5.03 | 4.53 | 4.42 | 3.76 | 3.26 | 2.88 | 2.50 | 2.01 | 1.64 |
| | 变化比例①（%） | -21.20 | -20.30 | -14.29 | -18.69 | -17.38 | -16.25 | -14.98 | -13.28 | -11.87 |
| | 变化比例②（%） | 33.83 | 30.46 | 35.85 | 24.60 | 19.41 | 15.20 | 10.22 | 2.30 | -4.59 |
| | 变化比例③（%） | -41.12 | -38.91 | -36.91 | -34.75 | -30.82 | -27.30 | -22.87 | -15.22 | -7.63 |
| 年最大15日洪量（$\times10^8 m^3$） | 2008 年审定成果 | 12.66 | 11.22 | 10.15 | 9.08 | 7.70 | 6.68 | 5.68 | 4.42 | 3.53 |
| | P-Ⅲ型分布 | 7.55 | 6.94 | 6.47 | 6.00 | 5.38 | 4.90 | 4.42 | 3.79 | 3.30 |
| | 条件概率分布 | 9.00 | 8.15 | 7.50 | 6.84 | 5.97 | 5.31 | 4.61 | 3.69 | 3.05 |
| | 混合分布 | 10.92 | 9.77 | 8.88 | 7.99 | 6.79 | 5.86 | 4.90 | 3.70 | 3.10 |
| | 变化比例①（%） | -13.74 | -12.95 | -12.47 | -12.03 | -11.86 | -12.31 | -13.80 | -16.44 | -12.17 |
| | 变化比例②（%） | 44.64 | 40.73 | 37.31 | 33.17 | 26.17 | 19.53 | 10.84 | -2.48 | -5.94 |
| | 变化比例③（%） | -40.36 | -38.15 | -36.26 | -33.94 | -30.14 | -26.64 | -22.22 | -14.31 | -6.62 |
| 年最大30日洪量（$\times10^8 m^3$） | 2008 年审定成果 | 19.44 | 17.38 | 15.83 | 14.30 | 12.29 | 10.80 | 9.34 | 7.46 | 6.10 |
| | P-Ⅲ型分布 | 12.50 | 11.50 | 10.75 | 9.99 | 8.99 | 8.23 | 7.46 | 6.44 | 5.65 |
| | 条件概率分布 | 13.67 | 12.50 | 11.61 | 10.71 | 9.50 | 8.56 | 7.60 | 6.28 | 5.34 |
| | 混合分布 | 14.69 | 13.32 | 12.28 | 11.24 | 9.86 | 8.82 | 7.77 | 6.41 | 5.48 |
| | 变化比例①（%） | -24.43 | -23.35 | -22.43 | -21.39 | -19.80 | -18.38 | -16.77 | -14.10 | -10.19 |
| | 变化比例②（%） | 17.52 | 15.83 | 14.23 | 12.51 | 9.68 | 7.13 | 4.18 | -0.50 | -2.97 |
| | 变化比例③（%） | -35.69 | -33.82 | -32.10 | -30.13 | -26.88 | -23.82 | -20.11 | -13.67 | -7.44 |

注：变化比例①指混合分布模型设计洪水成果与2008年审定的设计洪水成果对比的变化比例；变化比例②指混合分布模型设计洪水成果与不考虑跳跃变异情况下的传统P-Ⅲ型分布曲线拟合的设计洪水成果对比的变化比例；变化比例③指不考虑跳跃变异情况下的传统P-Ⅲ型分布曲线拟合的设计洪水成果与2008年审定的设计洪水成果对比的变化比例。

由表6.4的对比分析可得到以下结论。

（1）在不同的设计标准（10～5 000年一遇）条件下，考虑跳跃变异情况下的最优分布模型混合分布模型和不考虑跳跃变异情况下的传统P-Ⅲ型分布曲线拟合得到的相应的洪水设计值均比2008年审定的洪水设计值要小(10年一遇年最大洪峰流量设计值除外),这主要可能是由于设计院为了确保水利工程的安全,确定的$C_s/C_v$值的变化范围[6.5,7.5]偏大所致,而根据肯斯瓦特水库邻近水文站及玛纳斯河流域其他水文站的实测水文资料,$C_s/C_v$值的变化范围应为[2.5,4.5];最优分布模型混合分布模型拟合曲线得到的洪水设计值比传统P-Ⅲ型分布曲线拟合得到的洪水设计值要大(10年一遇的洪量设计值及20年一遇的年最大1日、3日、15日、30日洪量设计值除外)。

(2)在不同的设计标准(10~5 000年一遇)条件下,最优分布模型混合分布模型拟合曲线得到的相应的洪水设计值均比2008年审定的洪水设计值要小。年最大洪峰流量设计值减小幅度为10%~40%,而10年一遇的设计值却增大了0.87%;年最大1日洪量设计值减小幅度为10%~30%;年最大3日洪量设计值减小幅度为10%~20%;年最大7日洪量设计值减小幅度为10%~20%;年最大15日洪量设计值减小幅度为10%~15%;年最大30日洪量设计值减小幅度为10%~25%。

(3)在不同的设计标准(10~5 000年一遇)条件下,传统P-Ⅲ型分布曲线拟合得到的相应的洪水设计值均比2008年审定的洪水设计值要小。年最大洪峰流量设计值减小幅度为1%~50%;年最大1日洪量设计值减小幅度为5%~50%;年最大3日洪量设计值减小幅度为5%~40%;年最大7日洪量设计值减小幅度为5%~40%;年最大15日洪量设计值减小幅度为5%~40%;年最大30日洪量设计值减小幅度为5%~35%。由结论(2)、(3)可见,肯斯瓦特水库在2008年设计的洪水成果比现在条件下要偏于保守,可做进一步的完善修订。

(4)在不同的设计标准(10~5 000年一遇)条件下,最优分布模型混合分布模型拟合曲线得到的洪水设计值比传统P-Ⅲ型分布曲线拟合得到的洪水设计值要大。年最大洪峰流量设计值增大幅度为2%~20%;年最大1日洪量设计值增大幅度为5%~50%,而10年、20年一遇的设计值却分别减小了4.56%、2.07%;年最大3日洪量设计值增大幅度为5%~45%,而10年、20年一遇的设计值却分别减小了3.44%、1.36%;年最大7日洪量设计值增大幅度为2%~35%,而10年一遇的设计值却减小了4.59%;年最大15日洪量设计值增大幅度为10%~45%,而10、20年一遇的设计值却分别减小了5.94%、2.48%;年最大30日洪量设计值增大幅度为5%~20%,而10、20年一遇的设计值却分别减小了2.97%、0.5%。由此说明导致肯斯瓦特水库入库融雪洪水有相当程度增大的主要原因为流域气候变化。为了加强防洪管理和便于汛期洪水资源利用,运用本文提出的频率分析计算方法对非一致性融雪洪水特征序列进行设计洪水成果的校核和修订是非常必要的。

## 6.3 融雪洪水特征序列的设计洪水过程线比较

玛纳斯河于1996年7月遭遇了一场大洪水,该场洪水是高山区的融雪(冰)洪水叠加中低山区的暴雨洪水而形成的,具有洪峰高、洪量大、历时长的特点,属于典型的暴雨融雪型洪水。选取1996年7月份的融雪洪水为典型融雪洪水过程(历时15 d,时段为2 h),根据本章6.2.4节所得到的肯斯瓦特水库考虑跳跃变异的非一致性融雪洪水特征序列混合分布、条件概率分布以及不考虑跳跃变异的传统P-Ⅲ型分布融雪洪水设计值,对1996年7月份的典型融雪洪水过程采用同频率缩放法,可得到肯斯瓦特水库不同重现期情况下非一致性融雪洪水特征序列的设计洪水过程线。

根据同频率缩放法的要求，使缩放后的最大洪峰流量和不同历时的最大洪量分别等于设计洪峰流量和设计洪量，即缩放后融雪洪水过程线的洪峰流量和不同历时洪水总量的频率均符合同一设计标准。

最大洪峰流量缩放倍比为

$$K_{Q_m} = \frac{Q_{mP}}{Q_{mD}} \tag{6.13}$$

最大 1 日洪量缩放倍比为

$$K_1 = \frac{W_{1P}}{W_{1D}} \tag{6.14}$$

在缩放最大 3 日洪量中，1 日以外其余 2 日的缩放倍比为

$$K_{3-1} = \frac{W_{3P} - W_{1P}}{W_{3D} - W_{1D}} \tag{6.15}$$

在缩放最大 7 日洪量中，3 日以外其余 4 日的缩放倍比为

$$K_{7-3} = \frac{W_{7P} - W_{3P}}{W_{7D} - W_{3D}} \tag{6.16}$$

在缩放最大 15 日洪量中，7 日以外其余 8 日的缩放倍比为

$$K_{15-7} = \frac{W_{15P} - W_{7P}}{W_{15D} - W_{7D}} \tag{6.17}$$

式中：$Q_{mP}$为设计洪峰流量；$Q_{mD}$为典型融雪洪水过程的最大洪峰流量；$W_{kP}$为不同历时的设计洪量（$k=1,3,7,15$）；$W_{kD}$为典型融雪洪水过程不同历时的洪量（$k=1,3,7,15$）。

分别以肯斯瓦特水库 5 000 年、500 年、50 年一遇设计洪水为例，根据本章 6.2.2 节所得到的非一致性融雪洪水特征序列融雪洪水设计值，对 1996 年典型融雪洪水过程采用同频率缩放法进行缩放，可得到考虑跳跃变异的混合分布、条件概率分布以及不考虑跳跃变异的传统 P-Ⅲ型分布的设计洪水过程线，如图 6.3 至图 6.5 所示。由图 6.3 至图 6.5 可知，肯斯瓦特水库非一致性融雪洪水在不同的重现期情况下，考虑跳跃变异的分布模型所得到的设计融雪洪水值均比不考虑跳跃变异的传统 P-Ⅲ型分布所得到的设计融雪洪水值要大，由于两种假设情况下入库融雪洪水特征序列分位数的差异，从而导致了混合分布、条件概率分布及 P-Ⅲ型分布入库设计洪水过程线的明显差异，进而对肯斯瓦特水库的调度产生一定的影响。

## 6.4　本章小结

本章在肯斯瓦特水库融雪洪水特征时间序列变异诊断的基础上，主要应用混合分布模型和条件概率分布模型直接对非一致性融雪洪水特征序列进行频率分析，并且对这两种考虑跳跃变异的模型进行比较，采用混合分布模型和条件概率分布模型计算非一致性融雪洪水特征时间序列的设计值，并与 2008 年审定的洪水设计值及不考虑跳跃变异的传统 P-Ⅲ型分布拟合得到的洪水设计值进行比较，采用同频率缩放法对 1996 年典型洪水过程进行缩放，得到如下主要结论。

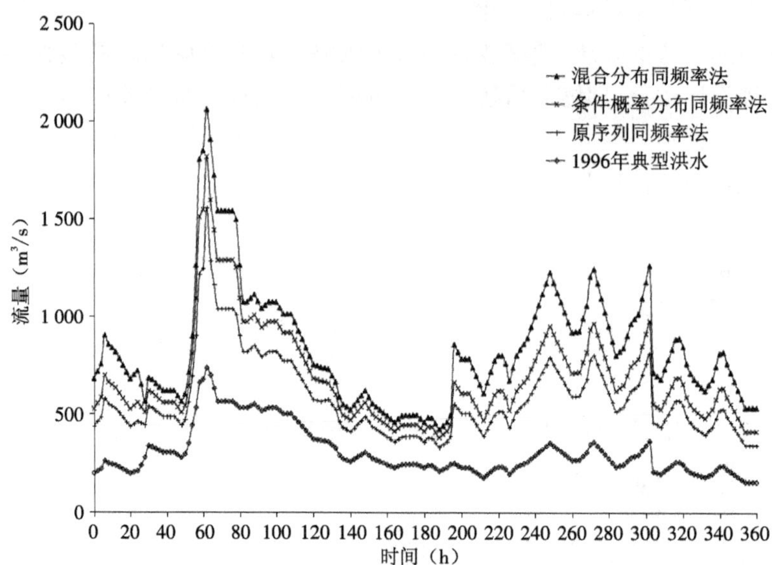


图 6.3　肯斯瓦特水库非一致性融雪洪水 5 000 年一遇设计洪水过程

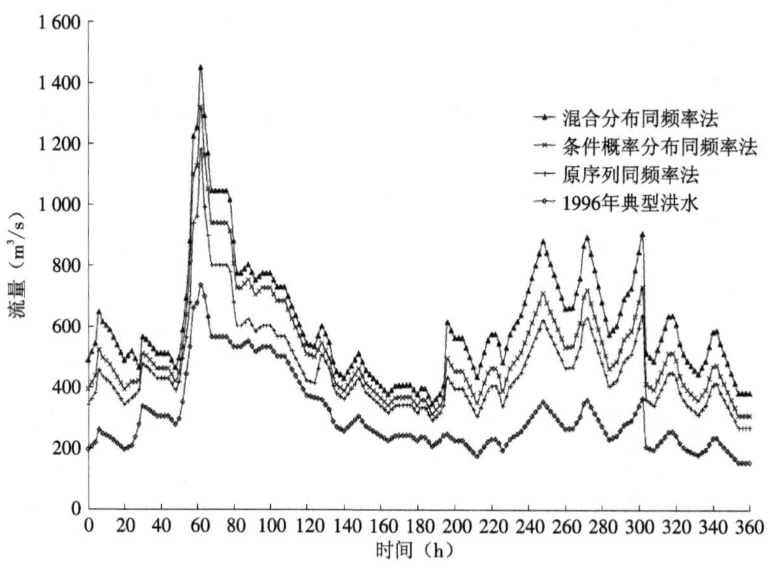


图 6.4　肯斯瓦特水库非一致性融雪洪水 500 年一遇设计洪水过程

(1)在传统条件概率分布法和概率统计原理基础上,介绍与传统条件概率分布法原理相似的考虑跳跃变异的条件概率分布模型,将其与混合分布模型进行比较,结果表明,采用全局优化算法(模拟退火算法)时,混合分布模型要优于考虑跳跃变异的条件概率分布模型。

(2)采用模拟退火算法对混合分布模型参数进行估计,以肯斯瓦特水库邻近水文站及玛纳斯河流域其他水文站的 $C_s/C_v$ 值的变化范围[2.5,4.5]为约束条件,所得结果满足实际要求。采用混合分布模型和条件概率分布模型对肯斯瓦特水库非一致性融雪洪水特征

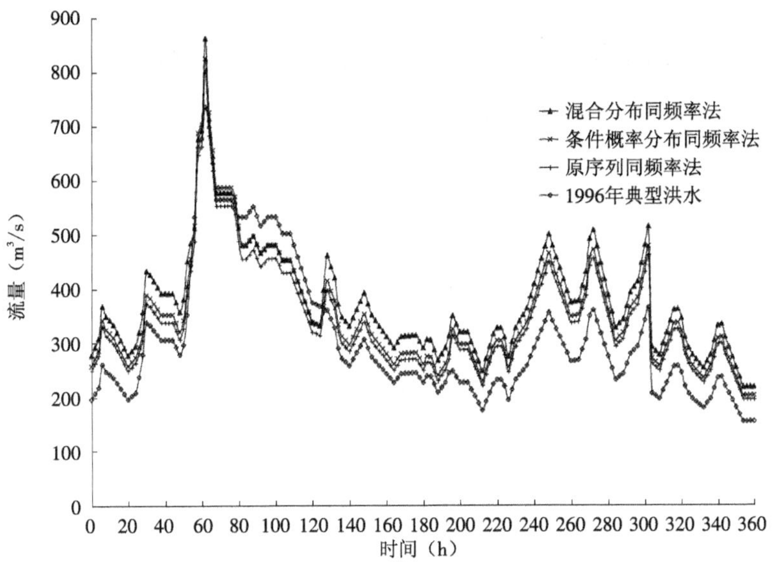


**图 6.5　肯斯瓦特水库非一致性融雪洪水 50 年一遇设计洪水过程**

时间序列进行拟合，并通过拟合检验与拟合优度指标对其进行评价，结果表明，混合分布模型比条件概率分布模型拟合更优，更能反映环境变化条件下玛纳斯河肯斯瓦特水库非一致性融雪洪水特征时间序列的真实分布情况。

(3) 在不同的设计标准下，混合分布模型（最优分布模型）拟合结果均比 2008 年审定的洪水设计值要小，其中年最大洪峰流量减小幅度为 10%～40%，年最大 1 日洪量减小幅度为 10%～30%，年最大 3 日洪量减小幅度为 10%～20%，年最大 7 日洪量减小幅度为 10%～20%，年最大 15 日洪量减小幅度为 10%～15%，年最大 30 日洪量减小幅度为 10%～25%。传统 P-Ⅲ型分布拟合结果也均比 2008 年审定的洪水设计值要小，其中年最大洪峰流量减小幅度为 1%～50%，年最大 1 日洪量减小幅度为 5%～50%，年最大 3 日洪量减小幅度为 5%～40%，年最大 7 日洪量减小幅度为 5%～40%，年最大 15 日洪量减小幅度为 5%～40%，年最大 30 日洪量减小幅度为 5%～35%。由此可见，肯斯瓦特水库在 2008 年设计的洪水成果比现在条件下要偏于保守，可做进一步的完善修订。

(4) 在不同的设计标准下，混合分布模型（最优分布模型）拟合结果比传统 P-Ⅲ型分布拟合结果要大。年最大洪峰流量增大幅度为 2%～20%，年最大 1 日洪量增大幅度为 5%～50%，年最大 3 日洪量增大幅度为 5%～45%，年最大 7 日洪量增大幅度为 2%～35%，年最大 15 日洪量增大幅度为 10%～45%，年最大 30 日洪量增大幅度为 5%～20%。由此说明导致肯斯瓦特水库入库融雪洪水有相当程度增大的主要原因为流域气候变化。为了加强防洪管理和便于汛期洪水资源利用，运用本文提出的频率分析计算方法对非一致性融雪洪水特征时间序列进行设计洪水成果的校核和修订是非常必要的。

(5) 采用同频率缩放法对玛纳斯河肯斯瓦特水库 1996 年典型融雪洪水过程进行缩放，得到不同重现期情况下考虑跳跃变异的混合分布、条件概率分布以及不考虑跳跃变异的传统 P-Ⅲ型分布的设计洪水过程线，入库设计洪水过程线的明显差异是由两种假设情况下入库融雪洪水特征时间序列分位数的差异造成的。

# 第7章　环境变化对水库防洪风险不确定性影响分析

随着全球气候变暖和人类活动对流域下垫面的干预加剧，水文时间序列的独立同分布假设已遭到了极大的质疑，近年来水文极端事件也频繁发生，使得解决非一致性水文时间序列的分析计算问题已迫在眉睫。而已建水库工程的规划设计都是以传统的计算理论和方法为基础，其中一部分重要内容是设计洪水计算，其值是在一致性假定下获得的，这显然与实际情况不符，使得水库的防洪安全问题日益突出而面临严峻的挑战。因此，研究水文时间序列的非一致性对水库防洪的影响，可为已建水库工程的防洪复核和未建水库工程的防洪规划提供科学指导和依据。

本书以肯斯瓦特水库年最大洪峰流量时间序列为基础资料，采用还原/还现途径对其进行一致性修正，通过贝叶斯理论对一致性修正前后分布参数的不确定性进行估计，并通过频率分析法和模糊风险分析法，对过去条件、现状条件两种情况下的水库极限防洪风险率和水库漫坝模糊风险率进行分析计算。

## 7.1　融雪洪水特征序列设计洪水计算分析

水文时间序列在一定时期内受到气候变化、自然地理条件等多种因素的综合作用影响，会随时间的变化而发生变化。无论水文现象如何变化，水文时间序列都可以分解为确定性成分和随机性成分。确定性成分（趋势、跳跃和周期成分）主要受到人类活动、气候变化和下垫面条件变化的影响，其变化规律可在较短的时期内发生剧烈的变化或者缓慢的变化，变化规律为非一致的；而随机性成分主要受到气候变化、地质情况的影响，其变化规律能在一个很长的时期才发生改变，变化规律为相对一致的。综合以上分析，谢平等[88]提出了非一致性水文时间序列频率计算原理及方法。水文时间序列 $X_t$ 由两种或两种以上成分组成，假设序列各组成成分满足线性叠加特征[123]（加法模型），水文时间序列 $X_t$ 可表示为

$$X_t = Y_t + P_t + S_t \tag{7.1}$$

式中：$Y_t$ 为确定性的非周期成分；$P_t$ 为确定性的周期成分；$S_t$ 为随机性成分。本书只考虑确定性成分（$Y_t + P_t$）中的非周期成分 $Y_t$，即趋势或跳跃成分，还有 $S_t$ 中的纯随机成分。

### 7.1.1　融雪洪水特征序列变异形式

根据第3章诊断分析的结果，若水文时间序列中的趋势和跳跃成分只有一种变异显著，则可以直接得出其变异形式；但是在实际应用时，经常可能出现二者都显著的情况，这时需要采用效率系数来判别实测水文时间序列更接近哪种变异形式。效率系数是指实测水文时间序列与趋势成分或跳跃成分的拟合程度。趋势成分和跳跃成分效率系数较大者，作为该水文时间序列的变异形式。其效率系数的计算公式为

$$R^2 = 1 - \frac{\sum_{i=1}^{n} (Q_{\text{obs},i} - Q_{\text{sim},i})^2}{\sum_{i=1}^{n} (Q_{\text{obs},i} - \overline{Q_{\text{obs}}})^2} \tag{7.2}$$

式中：$Q_{\text{obs},i}(i=1,2,\cdots,n)$为实测水文时间序列值；$\overline{Q_{\text{obs}}}$为实测水文时间序列的均值；对于趋势变异分析，$Q_{\text{sim},i}$为水文时间序列的各时间点所对应的拟合趋势线上各点的值；对于跳跃变异分析，$Q_{\text{sim},i}$为水文时间序列变异点前、后的子序列均值。

根据玛纳斯河年最大洪峰流量时间序列变异诊断结果（见第3章），序列局部趋势和跳跃均呈显著变化，本文采用效率系数来评价实测水文时间序列与趋势成分和跳跃成分的拟合程度。将趋势成分和跳跃成分两者效率系数较大者，作为该时间序列的变异形式。分别计算肯斯瓦特水库年最大洪峰流量时间序列趋势和变异点的效率系数，其中趋势成分效率系数（$R^2$）为6.38%，跳跃成分效率系数（$R^2$）1993年为23.09%。由此可知，跳跃成分效率系数较大。从物理成因上分析，20世纪八九十年代肯斯瓦特水库上游流域人类活动干预较少，致使流域下垫面未发生剧烈变化，但是气候因素变化显著，综合作用下使得肯斯瓦特水库年最大洪峰流量时间序列呈上升趋势。因此，本文选择跳跃变异为年最大洪峰流量时间序列的变异形式。

### 7.1.2　融雪洪水特征序列分解计算

水文频率计算要求水文时间序列具有一致性条件，而非一致性水文时间序列不满足这一条件，传统的水文频率计算方法不能被直接应用，需要对非一致性水文时间序列进行一致性修正，把确定性成分从序列中分离出来，然后采用传统的水文频率计算方法进行计算。假设非一致性水文时间序列$X_t$的变异点为$t_0$，变异点$t_0$前后的子序列物理成因均不相同，且变异点$t_0$之前的子序列反映环境变化情况不太显著的随机性成分，其$X_t$可表示为

$$X_t = \begin{cases} S_t & t \leqslant t_0 \\ S_t + Y_t & t > t_0 \end{cases} \tag{7.3}$$

式中：$S_t$为一致性的随机性成分；$Y_t$为非一致性的确定性成分。当出现跳跃时，$Y_t$为常数；当出现趋势时，$Y_t$为时间$t$的函数，可用最小二乘法拟合求得。将水文时间序列$X_t$中的跳跃成分和趋势成分扣除之后，剩余的成分$S_t$可看作纯随机成分。采用传统的水文频率计算方法对纯随机成分进行频率计算，可求得P-Ⅲ型频率曲线的统计参数（均值$EX$、变差系数$C_v$和偏态系数$C_s$），即非一致性水文时间序列中的随机性规律。

根据上文年最大洪峰流量时间序列变异分析的结果，其变异形式为跳跃变异，变异点之前的水文时间序列满足一致性条件，可以看作随机性成分。玛纳斯河肯斯瓦特水库控制流域1957—2006年的年最大洪峰流量时间序列在变异点1993年前后可以分成两个序列，即1957—1993年为第一个序列，其均值为321.220 m³/s；1994—2006年为第二个序列，其均值为507.846 m³/s。两个序列的均值差为186.626 m³/s，即为确定性跳跃成分。由此可得出玛纳斯河肯斯瓦特水库控制流域年最大洪峰流量时间序列的跳跃成分为

$$Y_t = \begin{cases} 0 & t \leqslant 1\,993 \\ 186.626 & t > 1\,993 \end{cases} \tag{7.4}$$

根据水文时间序列 $X_t$ 的线性叠加原理，$X_t=S_t+Y_t$，由此可以得到年最大洪峰流量时间序列的随机性成分为

$$S_t=\begin{cases}X_t & t\leqslant 1\,993\\ X_t-186.626 & t>1\,993\end{cases} \tag{7.5}$$

据此可以求得玛纳斯河肯斯瓦特水库1957—2006年的年最大洪峰流量时间序列去除跳跃成分后的随机序列，如图7.1所示。此随机性成分受气候变化和人类活动影响小，能满足水文序列的一致性要求。

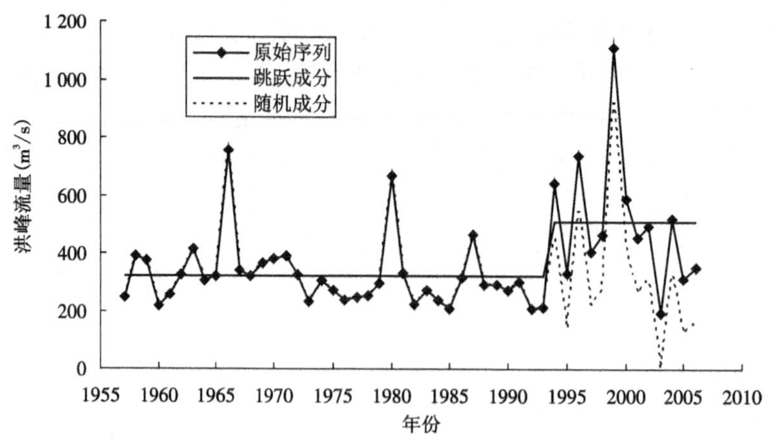


**图7.1 年最大洪峰流量时间序列跳跃变化**

### 7.1.3 融雪洪水特征序列合成计算

对于非一致性水文时间序列合成计算问题，谢平等[88]提出了一种分布合成方法。首先根据非一致性水文时间序列 $X$ 的确定性规律，预测某个固定时间 $t$ 的确定性成分 $Y$，而确定性成分 $Y$ 在某个具体 $t$ 时刻为常数；利用 Monte Carlo 随机生成法生成满足随机性规律（P-Ⅲ型分布）的纯随机序列；然后将确定性成分与随机生成的随机性成分进行数值合成，得到合成后的样本序列；最后对生成的样本序列，采用传统的水文频率计算方法，求得该样本序列满足P-Ⅲ型频率分布的统计参数（均值 $EX$、变差系数 $C_v$ 及偏态系数 $C_s$），从而得到非一致性水文时间序列的合成分布规律。

对于非一致性年最大洪峰流量时间序列的合成计算，本文采用谢平等[88]提出的分布合成方法。假设年最大洪峰流量时间序列的随机性成分 $S_t$ 服从P-Ⅲ型分布，采用优化适线法[124]可得随机性成分 $S_t$ 的P-Ⅲ型频率曲线统计参数：均值 $EX=321.22\ m^3/s$、变差系数 $C_v=0.51$ 及偏态系数 $C_s=2.30$，拟合的效率系数 $R^2=91.53\%$。根据随机性成分 $S_t$ 的统计特征，利用 Monte Carlo 随机生成法，随机生成500个随机性成分 $S_p$，并结合 $t$ 时刻（2006年）的确定性跳跃成分 $Y_t$，根据数值合成公式：

$$X_{t,p}=Y_t+S_p \tag{7.6}$$

可得到年最大洪峰流量合成样本点据，并且统计大于或等于每个样本点据的次数 $n$，用期望公式计算出每个样本点据的经验频率。对于年最大洪峰流量合成样本序列，通过优化适线

法进行 P-Ⅲ型频率曲线拟合计算，得到 2006 年条件下年最大洪峰流量合成序列的统计参数：均值 $EX = 507.85\ m^3/s$、变差系数 $C_v = 0.32$ 及偏态系数 $C_s = 2.28$，拟合的效率系数 $R^2 = 97.95\%$。随机性成分 $S_t$ 可以反映过去年最大洪峰流量的形成条件；2006 年确定性跳跃成分 $Y_t$ 与随机性成分 $S_p$ 的合成，可以反映现状年最大洪峰流量的形成条件。肯斯瓦特水库防洪规划、过去条件和现状条件下相应频率的洪水设计值，见表 7.1。

**表 7.1　年最大洪峰流量时间序列不同时期的设计值**

| 序号 | 频率（%） | 规划设计值（$m^3/s$） | 过去设计值（$m^3/s$） | 过去/规划变化量（%） | 现状设计值（$m^3/s$） | 现状/规划变化量（%） | 重现期（年） |
|---|---|---|---|---|---|---|---|
| 1 | 0.01 | 3 985.28 | 3 683.39 | −7.58 | 4 114.11 | 3.23 | 10 000 |
| 2 | 0.02 | 3 603.35 | 3 322.53 | −7.79 | 3 726.36 | 3.41 | 5 000 |
| 3 | 0.05 | 3 105.53 | 2 852.59 | −8.14 | 3 221.46 | 3.73 | 2 000 |
| 4 | 0.1 | 2 735.49 | 2 503.69 | −8.47 | 2 846.64 | 4.06 | 1 000 |
| 5 | 0.2 | 2 372.47 | 2 161.86 | −8.88 | 2 479.49 | 4.51 | 500 |
| 6 | 0.5 | 1 906.38 | 1 723.96 | −9.57 | 2 009.26 | 5.40 | 200 |
| 7 | 1 | 1 567.53 | 1 406.66 | −10.26 | 1 668.66 | 6.45 | 100 |
| 8 | 2 | 1 244.8 | 1 105.79 | −11.17 | 1 345.86 | 8.12 | 50 |
| 9 | 5 | 853.69 | 744.35 | −12.81 | 958.47 | 12.27 | 20 |
| 10 | 10 | 598.35 | 512.40 | −14.36 | 710.37 | 18.72 | 10 |

由表 7.1 可以看出，随着设计洪水的重现期减小，肯斯瓦特水库防洪规划、过去条件下和现状条件下相应频率的设计洪水均在减小；过去条件下与防洪规划时相比，设计洪水均减小，其减小的变化量在增大，这主要是由于肯斯瓦特水库控制流域降水量呈下降趋势造成的；现状条件下与防洪规划时相比，设计洪水均增大，其增大的变化量在增大，虽然上游存在不合理的放牧等人类活动，但其影响相对较小，主要是受到肯斯瓦特水库控制流域气温呈显著下降趋势的影响，使得设计洪水的量增大。

## 7.2　融雪洪水特征序列非一致性对参数估计不确定性影响

水文过程受到气候变化和人类活动等多种因素的影响，自然过程极其复杂，具有很大的不确定性。在应用水文模型时，其输入、结构和参数存在不确定性，导致其计算过程及计算结果存在不确定性；在水文极值的总体分布估计时，存在抽样和估计方法等方面的误差，使得设计值的估计也具有很大的不确定性。围绕这些问题，国内外的专家学者已经取得了大量的科研成果。本文主要采用贝叶斯理论对肯斯瓦特水库控制流域年最大洪峰流量时间序列进行参数估计。

### 7.2.1　贝叶斯理论

贝叶斯统计学的最基本的观点是：任一个未知量 $\theta$ 都可以看作一个随机变量，应用一个

概率分布去描述对 $\theta$ 的未知状况。这个概率分布是在抽样前就有的关于 $\theta$ 的先验信息的概率陈述。这个概率分布被称为先验分布，记为 $p(\theta)$。依赖于参数 $\theta$ 的密度函数记为 $p(y,\theta)$。随机变量 $\theta$ 给定某个值时，总体指标 $y$ 的条件概率密度函数记为 $p(y|\theta)$。密度函数形式的贝叶斯公式表示为

$$p(\theta|y)=\frac{p(\theta)p(y|\theta)}{\int p(\theta)p(y|\theta)\mathrm{d}\theta} \tag{7.7}$$

式中：$p(\theta|y)$ 为参数后验分布；$p(\theta)$ 为参数先验分布；$p(y|\theta)$ 体现了在现有数据条件下参数似然度信息。由全概率公式可知，$p(y)=\int p(\theta)p(y|\theta)\mathrm{d}\theta$，$p(y)$ 为比例常数。参数后验分布既综合了总体信息、样本信息、先验信息中有关 $\theta$ 的所有信息，又排除了与 $\theta$ 无关的信息。计算参数后验分布的关键是确定参数先验分布，只有参数先验分布选择正确，才能得到正确的参数后验分布，统计推断才能正确，所以参数先验分布的选择必须谨慎。

### 7.2.2 MCMC 方法

在进行贝叶斯统计推断时，虽然待估参数的后验分布形式相对比较简单，但是其中的积分计算比较复杂，往往无法得到准确的积分结果，而马尔科夫链蒙特卡洛（MCMC）方法为解决这类复杂的问题提供了有效的途径。该方法把随机过程中的马尔科夫过程运用到蒙特卡洛方法中，蒙特卡洛方法的采样效率得到了极大的提高。MCMC 方法的核心思想就是通过马尔科夫链来获得基于平稳分布的样本。该方法总能产生一条或几条独立并行的马尔科夫链来探索模型参数空间，通过随机抽样的方法不停地更新样本信息，从而使马尔科夫链在高概率密度区收敛，该马尔科夫链的极限分布也就是贝叶斯方法中需要推求的后验分布。为了使抽样更加有效，推荐分布（转移密度）的选择是 MCMC 方法的关键。该方法的抽样算法在很大程度上决定了 MCMC 的性能，常用的抽样算法有 Metropolis 算法、Metropolis Hastings（MH）算法、Delayed Rejection 算法、吉布斯（Gibbs）采样算法和 Adaptive Metropolis（AM）算法。由于参数后验分布的估计结果受先验分布类型的影响比较小，因此本文的计算选用吉布斯（Gibbs）采样算法。

吉布斯（Gibbs）采样算法是最简单的一种 MCMC 算法，容易计算变量 $x$ 从很小的集合中选取，适用于条件分布 $p(x_i|x_j:j\neq i)$。根据其所有变量的当前值，对每个变量进行迭代采样，其步骤为：从 $(x_1^t,x_2^t,\cdots,x_n^t)$ 开始，根据 $P(X_1|x_1^t,x_2^t,\cdots,x_n^t)$ 选取 $x_1^{t+1}$ 值；根据 $P(X_2|x_1^{t+1},x_2^t,\cdots,x_n^t)$ 选取 $x_2^{t+1}$ 值；……；根据 $P(X_n|x_1^{t+1},x_2^{t+1},\cdots,x_n^t)$ 选取 $x_n^{t+1}$ 值；经迭代，最终获得一个平稳分布样本。此算法对状态分量值逐个更新，每次只更新一个变量，每次更新都以最新变量值作为条件，循环一次才将所有变量更新一遍，反复循环以达到平稳分布。而达到平稳分布的条件为现在状态和前一次状态相比大致相当。

假设现在状态为 $(x_1^t,x_2^t,\cdots,x_n^t)$，后一次状态为 $(x_1^{t+1},x_2^{t+1},\cdots,x_n^{t+1})$，若满足：$\forall i=1,2,\cdots,n$，有

$$|x_i^{t+1}-x_i^t|\approx 0 \tag{7.8}$$

或者

$$|x_i^{t+1}-x_i^t|<\varepsilon \tag{7.9}$$

式中：$\varepsilon$ 为一个较小的正数阈值。

若满足上述条件，说明现态($x_1^t, x_2^t, \cdots, x_n^t$)和后态($x_1^{t+1}, x_2^{t+1}, \cdots, x_n^{t+1}$)各个分量在数值上相一致，更新达到了平稳分布，停止更新。

### 7.2.3　融雪特征洪水序列参数估计不确定性分析

1. Gibbs-MCMC 采样算法

本文选取 P-Ⅲ型分布频率曲线，通过 Gibbs-MCMC 采样算法进行抽样，将得到的模型参数 $\theta_0$ 代入模型，并使参数估计值都收敛于后验分布，对大量的抽样样本进行统计分析，便可得到模拟值和预报值的统计特征，以此来定量描述参数估计结果的不确定性。其具体步骤如下。

(1)确定待估参数，组成样本向量 $\boldsymbol{\theta}_0$。对于 P-Ⅲ型分布，样本向量由均值 $EX$、变差系数 $C_v$ 和偏态系数 $C_s$ 组成。在实际应用中，偏态系数 $C_s$ 一般为变差系数 $C_v$ 的倍数，所以待估参数为均值 $EX$、变差系数 $C_v$。本文分别对年最大洪峰流量实测序列、还原序列和还现序列的待估参数均值 $EX$、变差系数 $C_v$ 进行分析计算。

(2)确定待估参数先验分布形式。先观察需要分析计算的序列数据的分布情况，选择参数分布形式，一般可认为服从对数正态分布或伽马分布[125]，在此采用伽马分布。

(3)采用 Gibbs-MCMC 采样算法进行抽样迭代。经调试，确定初始迭代次数为 1 000，对其程序进行“预热”处理，把获得的参数估计值作为待估参数初始条件；继续迭代 20 000 次，通过样本迭代图，判断是否收敛于后验分布。迭代图表示采样迭代的具体过程，若迭代过程中参数取值遍历了整个参数空间，便可认为参数估计值收敛于后验分布。

(4)根据均值、标准差、标准误及 95% 置信区间等统计数据，分析参数后验分布，对均值 $EX$、变差系数 $C_v$ 等统计参数估计结果的不确性进行定量描述。

(5)选取覆盖率、平均带宽及平均偏移幅度等指标对年最大洪峰流量时间序列一致性修正前后预报不确定性区间的优良性进行评价。

2. 参数估计收敛性判别及置信区间估计

1)实测序列收敛性判别

根据年最大洪峰流量实测时间序列特征和上文所述计算步骤，经过分析计算，可得其待估参数 $EX$、$C_v$ 迭代轨迹图、迭代历史图以及自相关函数图，如图 7.2 至图 7.4 所示。由图 7.2 和图 7.3 可以看出，待估参数 $EX$、$C_v$ 迭代轨迹、迭代历史基本上均趋于稳定，并且数据空间的整体遍历性较好。从图 7.4 可知，待估参数 $EX$、$C_v$ 自相关函数均很快趋近于 0，说明其迭代过程均已经收敛。故可以认为年最大洪峰流量实测时间序列的参数估计值都收敛于后验分布。

通过对年最大洪峰流量实测时间序列待估参数的分位数图和核密度图(图 7.5 和图 7.6)的分析，可以确定待估参数 $EX$、$C_v$ 后验分布估计值的可靠性。从图 7.5 可知，待估参数 $EX$、$C_v$ 的 2.5%、均值以及 97.5% 分位数在进行 2 500 次迭代后的数值都比较稳定，没有上下波动趋势，说明参数估计值是可靠的。由图 7.6 可看出，待估参数 $EX$、$C_v$ 的核密度曲线都比较光滑平顺，既没有起伏波动，线形也保持的良好，同时也说明年最大洪峰流量实测时间序列的待估参数 $EX$、$C_v$ 后验分布估计值都具有良好的精确性。

2)还原序列收敛性判别

根据年最大洪峰流量还原时间序列特征和上文所述计算步骤,经过分析计算,可得其待估参数 $EX$、$C_v$ 迭代轨迹图、迭代历史图以及自相关函数图,如图 7.7 至图 7.9 所示。由图 7.7 和图 7.8 可以看出,待估参数 $EX$、$C_v$ 迭代轨迹、迭代历史基本上均趋于稳定,并且数

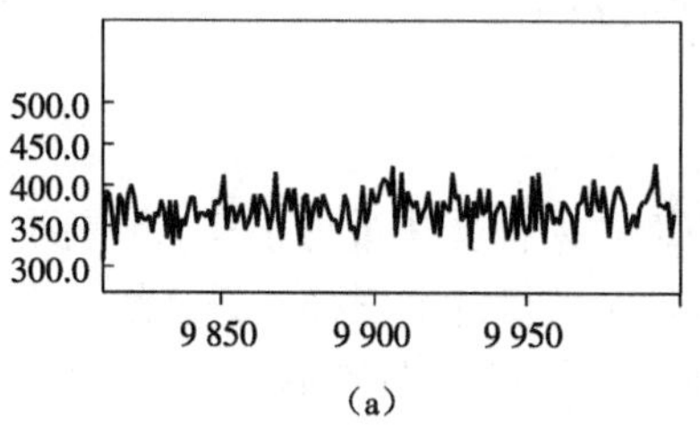


(a)

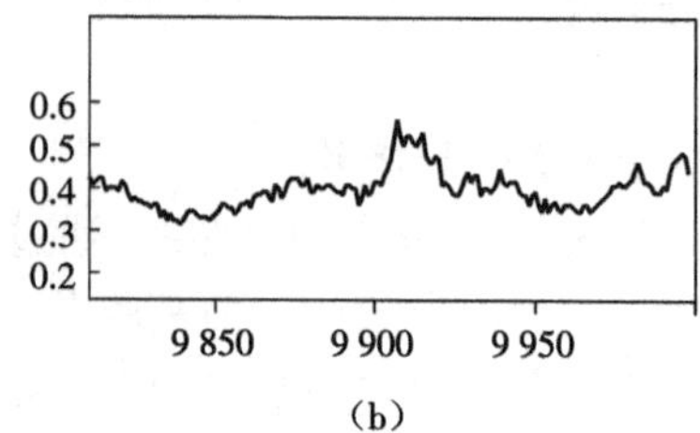


(b)

**图 7.2 实测序列待估参数迭代轨迹**

(a)均值 $EX$ (b)变差系数 $C_v$

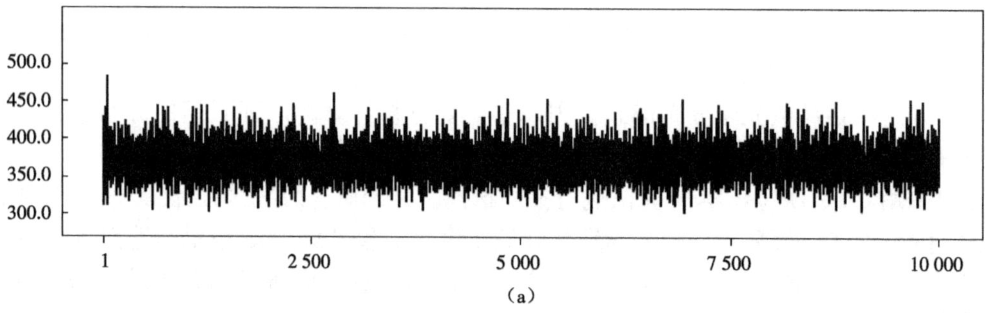


(a)

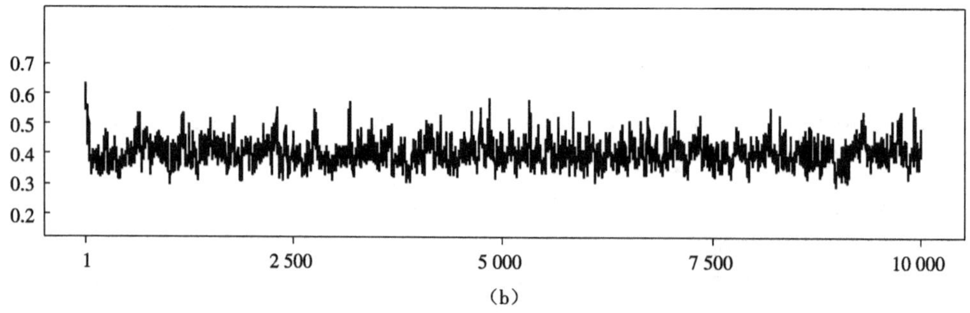


(b)

**图 7.3 实测序列待估参数迭代历史**

(a)均值 $EX$ (b)变差系数 $C_v$

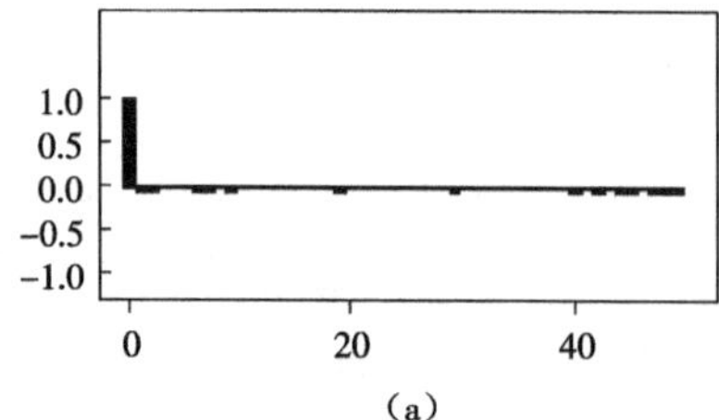


(a)

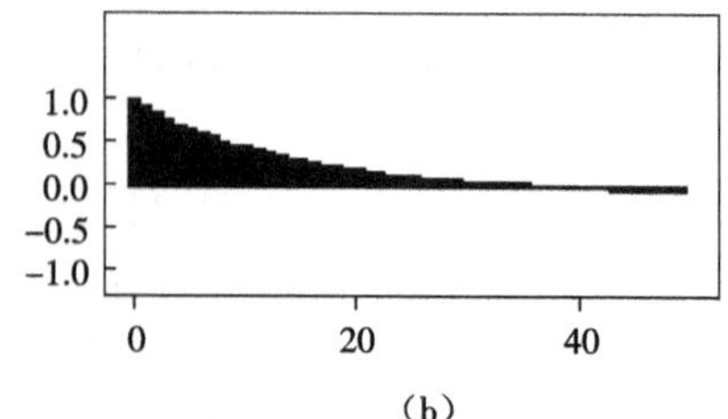


(b)

**图 7.4 实测序列待估参数自相关函数**

(a)均值 $EX$ (b)变差系数 $C_v$

据空间的整体遍历性较好。从图7.9可知，待估参数$EX$、$C_v$自相关函数均很快趋近于0，说明其迭代过程均已经收敛。故可以认为年最大洪峰流量还原时间序列的参数估计值都收敛于后验分布。

通过对年最大洪峰流量还原时间序列待估参数的分位数图和核密度图（图7.10和图7.11）的分析，可以确定待估参数$EX$、$C_v$后验分布估计值的可靠性。由图7.10可知，待估参数$EX$、$C_v$的2.5%、均值以及97.5%分位数在进行2 500次迭代后的数值都非常稳定，没有上下波动情况，说明参数估计值是可靠的。由图7.11可看出，待估参数$EX$、$C_v$的核密度曲线均比较光滑平顺，既没有起伏波动，线形也保持的良好，说明年最大洪峰流量还原时间序列的待估参数$EX$、$C_v$的后验分布估计值均具有良好的精确性。

3）还现序列收敛性判别

根据年最大洪峰流量还现时间序列特征和上文所述计算步骤，经过分析计算，可得其待估参数$EX$、$C_v$迭代轨迹图、迭代历史图以及自相关函数图，如图7.12至图7.14所示。由图7.12和图7.13可以看出，待估参数$EX$、$C_v$进行了1 000次迭代“预热期”后，其迭代轨迹、迭代历史基本上均趋于稳定，并且数据空间的整体遍历性较好。由图7.14可知，待估参

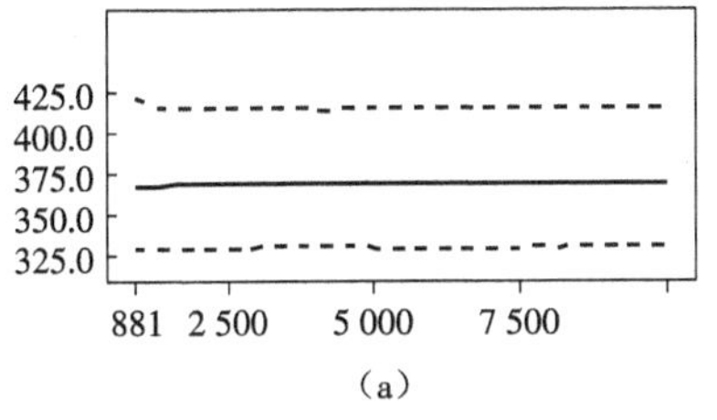


(a)

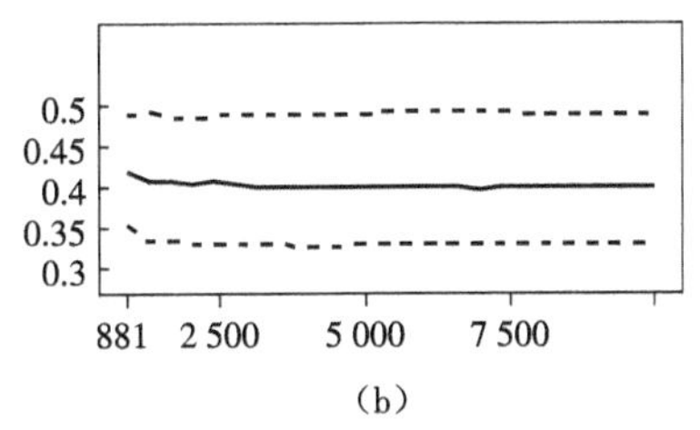


(b)

**图7.5 实测序列待估参数的2.5%、均值以及97.5%分位数**

(a)均值$EX$ (b)变差系数$C_v$

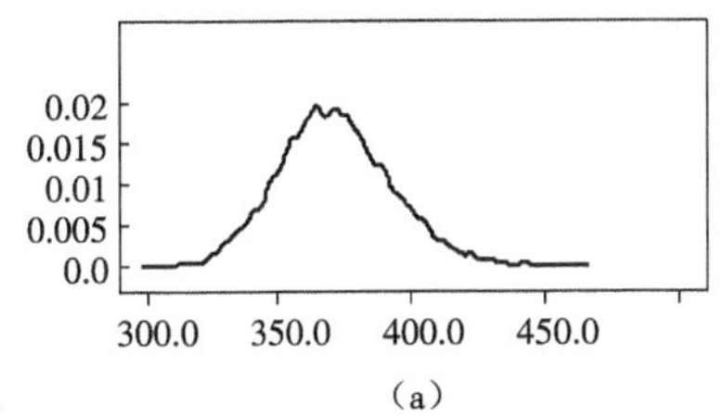


(a)

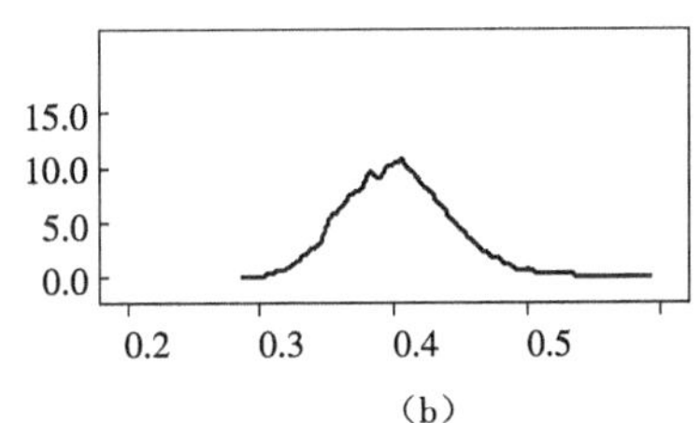


(b)

**图7.6 实测序列待估参数核密度**

(a)均值$EX$ (b)变差系数$C_v$

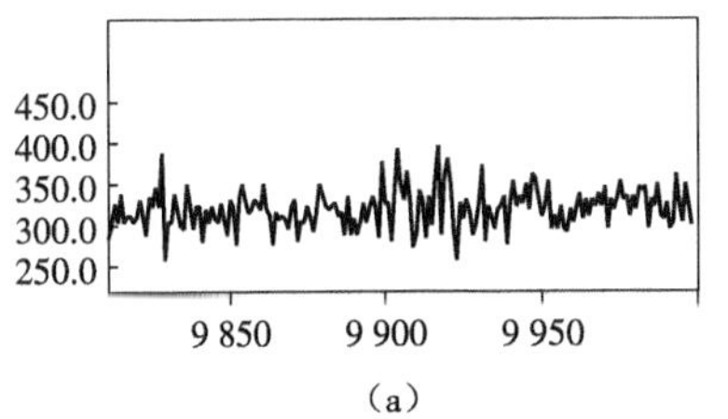


(a)

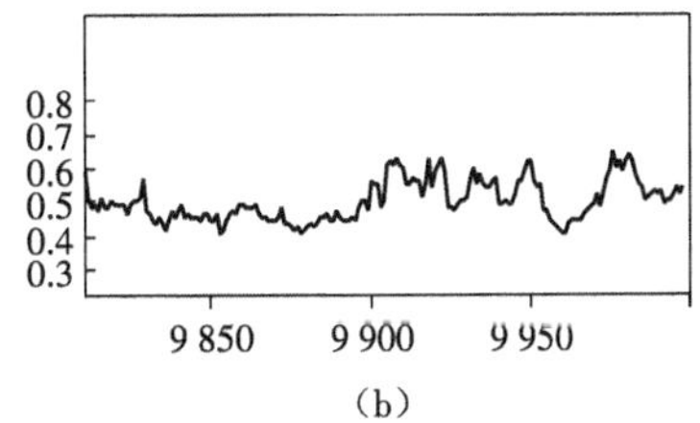


(b)

**图7.7 还原序列待估参数迭代轨迹**

(a)均值$EX$ (b)变差系数$C_v$

数 $EX$、$C_v$ 自相关函数均很快趋近于0,说明其迭代过程均已经收敛。故可以认为年最大洪峰流量还现时间序列的参数估计值都收敛于后验分布。

通过对年最大洪峰流量还现时间序列待估参数的分位数图和核密度图(图 7.15 和图

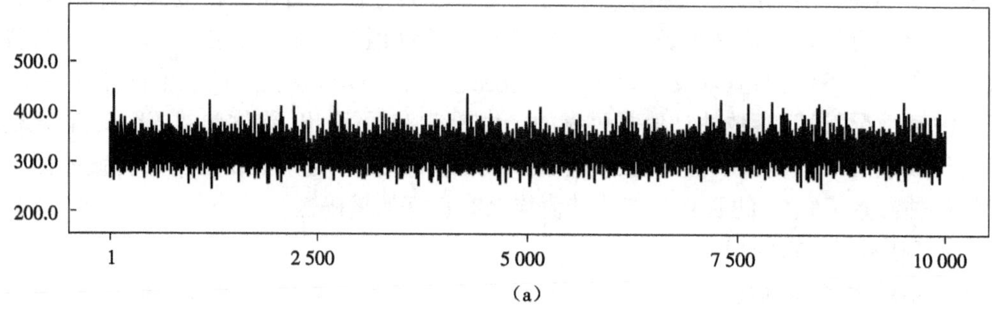

(a)

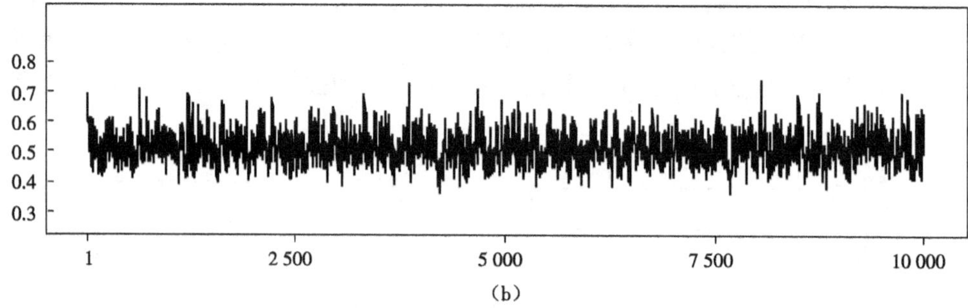

(b)

**图 7.8 还原序列待估参数迭代历史**

(a)均值 $EX$ (b)变差系数 $C_v$

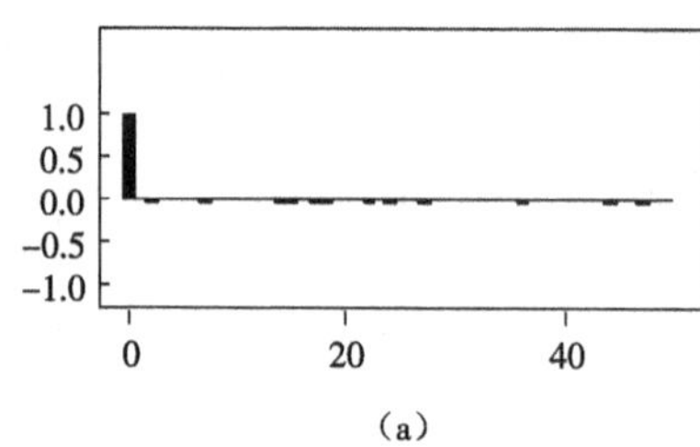

(a)

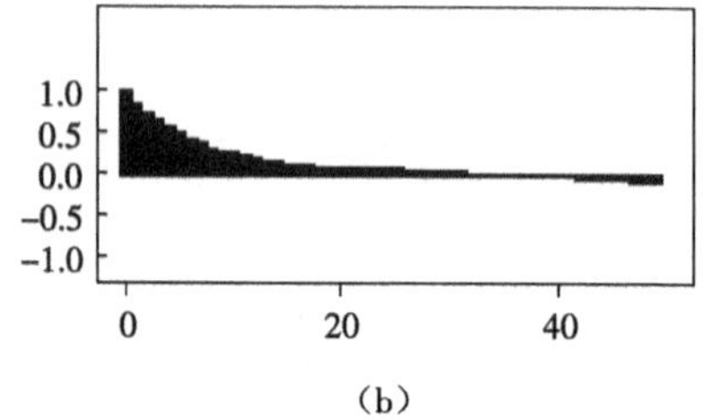

(b)

**图 7.9 还原序列待估参数自相关函数**

(a)均值 $EX$ (b)变差系数 $C_v$

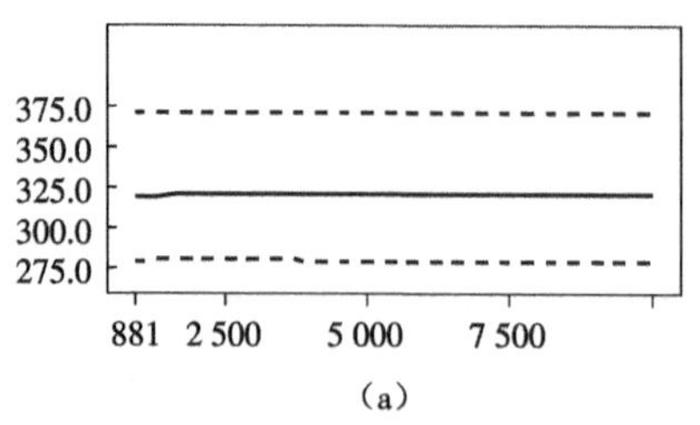

(a)

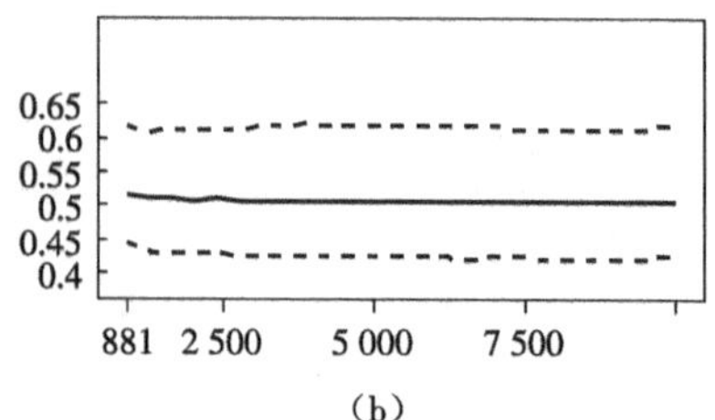

(b)

**图 7.10 还原序列待估参数的 2.5%、均值以及 97.5% 分位数**

(a)均值 $EX$ (b)变差系数 $C_v$

7.16)的分析,可以确定待估参数 $EX$、$C_v$ 的后验分布估计值的可靠性。从图 7.15 可知,待估参数 $EX$、$C_v$ 的 2.5%、均值以及 97.5% 分位数在进行 2 500 次迭代后的数值均非常稳定,没有上下波动情况,说明参数估计值是可靠的。由图 7.16 可看出,待估参数 $EX$、$C_v$ 的核密

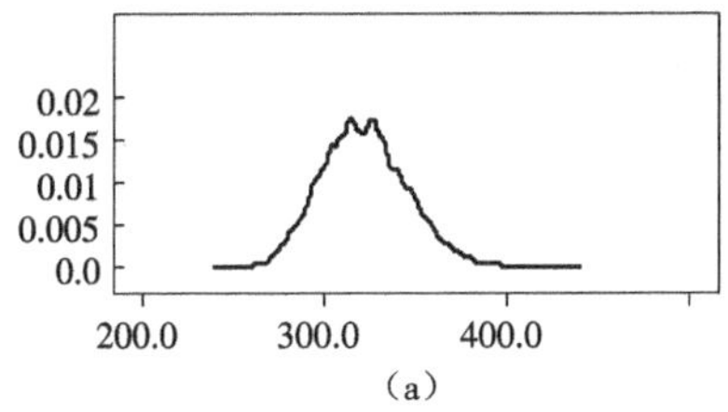


(a)

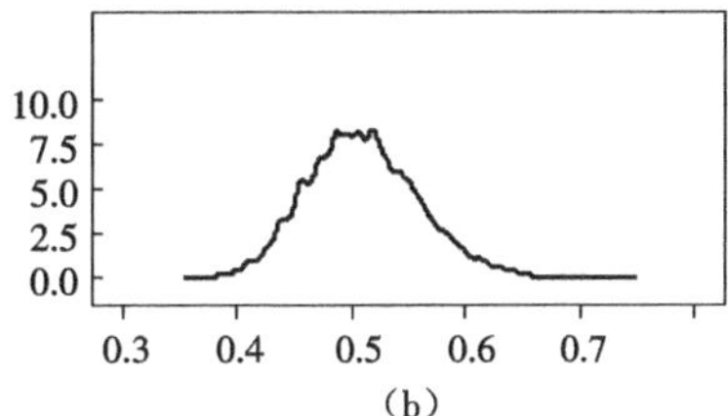


(b)

**图 7.11　还原序列待估参数核密度**

(a)均值 $EX$　(b)变差系数 $C_v$

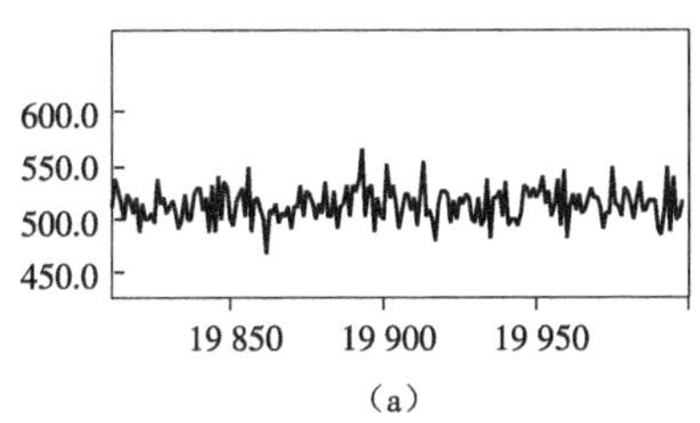


(a)

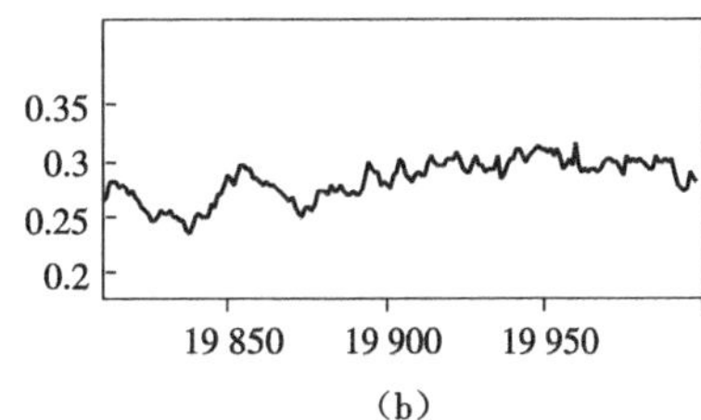


(b)

**图 7.12　还现序列待估参数迭代轨迹**

(a)均值 $EX$　(b)变差系数 $C_v$

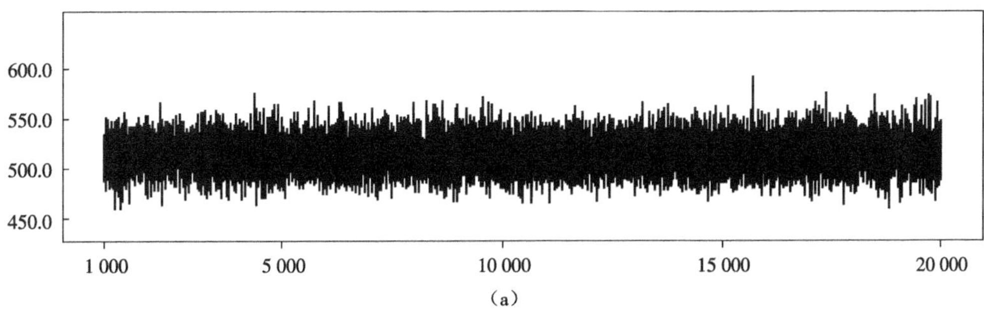


(a)

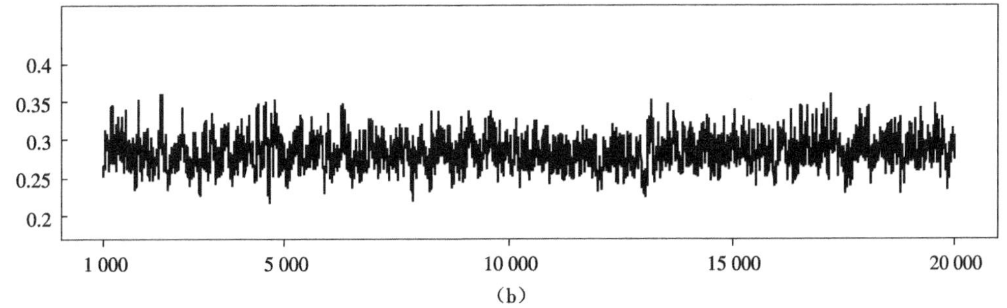


(b)

**图 7.13　还现序列待估参数迭代历史**

(a)均值 $EX$　(b)变差系数 $C_v$

度曲线都比较光滑平顺,既没有起伏波动,线形也保持的良好,说明年最大洪峰流量还现时间序列的待估参数 $EX$、$C_v$ 的后验分布估计值均具有良好的精确性。

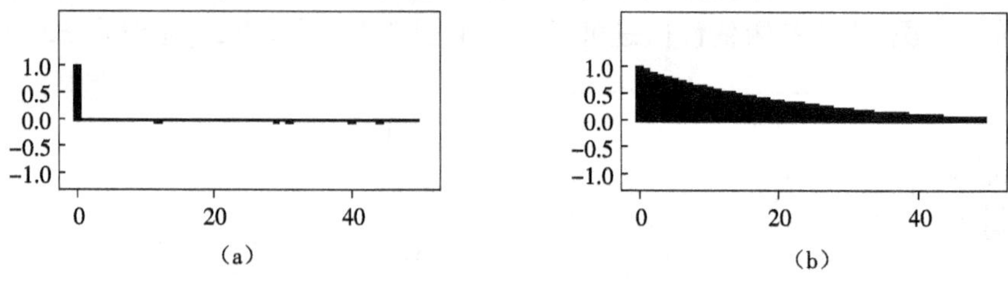


**图 7.14　还现序列待估参数自相关函数**

(a)均值 $EX$　(b)变差系数 $C_v$

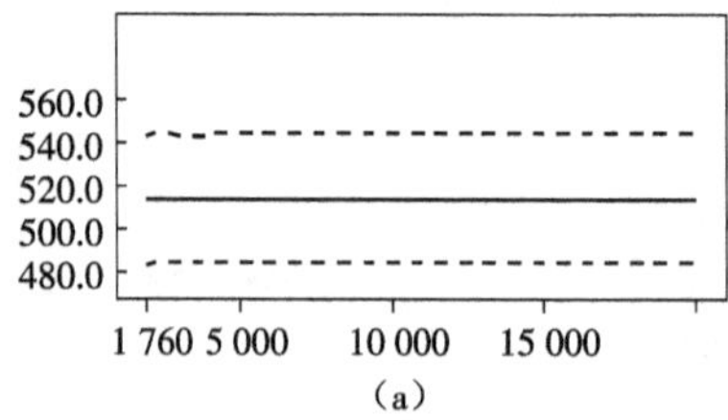


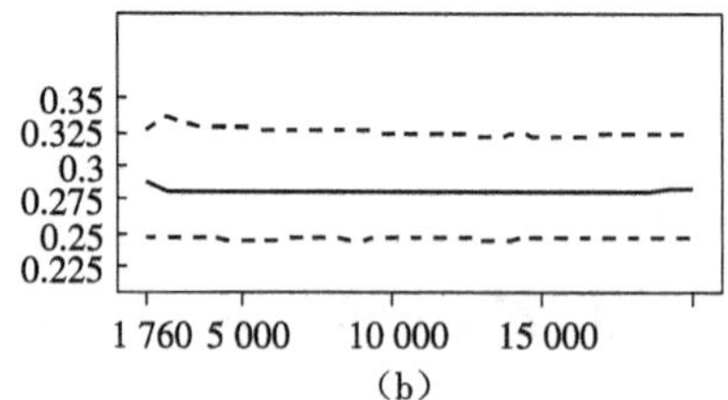


**图 7.15　还现序列待估参数的 2.5%、均值及 97.5% 分位数**

(a)均值 $EX$　(b)变差系数 $C_v$

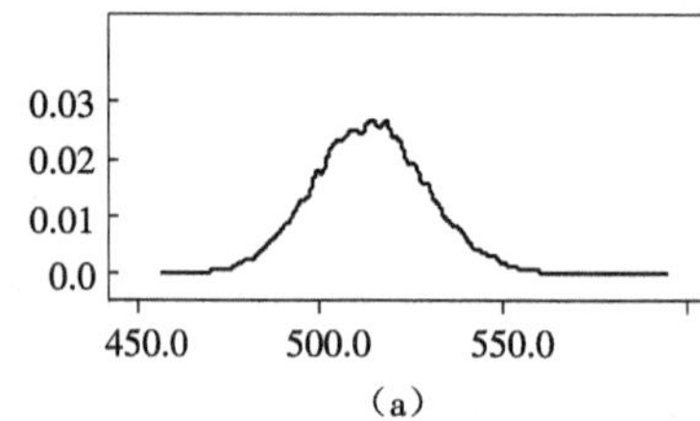


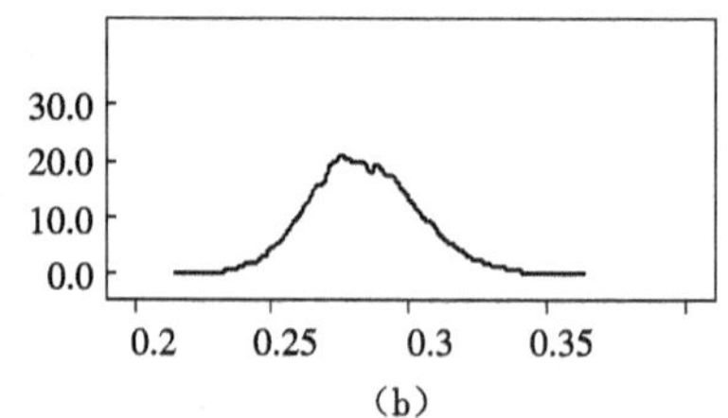


**图 7.16　还现序列待估参数核密度**

(a)均值 $EX$　(b)变差系数 $C_v$

4)置信区间估计

通过对非一致性年最大洪峰流量时间序列修正前后的实测、还原及还现序列分别进行分析计算,待估参数后验分布估计值是精确可靠的,其值见表 7.2。

**表 7.2　年最大洪峰流量序列修正前后的参数后验分布估计值及 95% 置信区间估计值**

| 序列 | 统计参数 | 均值 | 标准差 | 标准误 | 95% 置信区间 |
|---|---|---|---|---|---|
| 实测序列 | $EX$ | 371.0 | 21.62 | 0.212 | [330.7,416.0] |
| | $C_v$ | 0.403 | 0.040 | 0.002 | [0.331,0.491] |
| 还原序列 | $EX$ | 322.5 | 23.69 | 0.241 | [279.6,372.2] |
| | $C_v$ | 0.569 | 0.049 | 0.002 | [0.423,0.716] |
| 还现序列 | $EX$ | 514.2 | 15.4 | 0.103 | [484.6,545.4] |
| | $C_v$ | 0.387 | 0.020 | 0.001 | [0.248,0.525] |

将表7.2中统计参数均值$EX$、变差系数$C_v$后验分布估计值与优化适线法相结合，进行P-Ⅲ型频率曲线分析计算，调整偏态系数$C_s$值，便可得到最优的适配曲线，然后可计算出年最大洪峰流量实测、还原及还现时间序列在不同设计频率时，所对应的年最大洪峰流量期望设计值以及95%置信区间估计值，其结果见表7.3。

**表7.3　不同设计频率所对应的年最大洪峰流量期望设计值及95%置信区间估计值**

| 频率(%) | 重现期(年) | 实测序列($m^3/s$) | | 还原序列($m^3/s$) | | 还现序列($m^3/s$) | |
|---|---|---|---|---|---|---|---|
| | | 期望设计值 | 95%置信区间估计 | 期望设计值 | 95%置信区间估计 | 期望设计值 | 95%置信区间估计 |
| 0.01 | 10 000 | 2 620.21 | [1 242.17,4 007.41] | 2 558.47 | [1 634.03,3 710.43] | 2 679.82 | [1 616.47,4 153.88] |
| 0.02 | 5 000 | 2 371.56 | [1 168.20,3 616.49] | 2 332.92 | [1 514.60,3 340.03] | 2 470.27 | [1 519.77,3 768.28] |
| 0.05 | 2 000 | 2 048.29 | [1 070.25,3 108.30] | 2 038.15 | [1 357.52,2 858.18] | 2 195.7 | [1 392.23,3 265.71] |
| 0.1 | 1 000 | 1 808.78 | [996.00,2 731.83] | 1 818.28 | [1 239.43,2 550.90] | 1 990.22 | [1 296.02,2 892.17] |
| 0.2 | 500 | 1 574.73 | [921.60,2 363.99] | 1 601.73 | [1 122.11,2 151.43] | 1 787.1 | [1 200.09,2 525.75] |
| 0.5 | 200 | 1 276.15 | [822.96,1 994.84] | 1 321.94 | [968.50,1 724.87] | 1 523.15 | [1 073.81,2 055.37] |
| 1 | 100 | 1 061.16 | [748.06,1 557.14] | 1 116.68 | [853.75,1 482.56] | 1 327.94 | [978.79,1 713.49] |
| 2 | 50 | 859.05 | [672.85,1 239.84] | 918.83 | [740.63,1 178.53] | 1 137.88 | [884.36,1 387.97] |
| 5 | 20 | 620.50 | [572.76,865.69] | 673.48 | [594.62,817.21] | 897.77 | [760.77,993.73] |
| 10 | 10 | 472.74 | [466.29,634.42] | 506.29 | [488.12,590.23] | 728.73 | [668.67,736.66] |

从表7.3可看出，当重现期大于1 000年时，年最大洪峰流量还原、还现序列与实测序列的洪水期望设计值均比较接近，还现序列与实测序列的期望设计值相对变化量最大，仅为7.2%；但还原序列的期望设计值比实测序列小，若以还原序列的设计洪水作为肯斯瓦特水库的防洪标准，在水库防洪调度时将会产生更多的汛期弃水，洪水资源得不到充分利用，同时也会给水库带来更大的风险；而以还现序列的设计洪水作为防洪标准，更符合实际情况，有利于维持肯斯瓦特水库汛期的防洪调度安全。当重现期小于1 000年时，还原、还现序列的期望设计值均比实测序列大，并且还现序列的最大变化量达到了54.15%；在不同设计频率时，实测序列期望设计值95%置信区间的下限估计值与还原序列比较接近，而其上限与还现序列比较接近，若以还现序列的洪水设计值作为肯斯瓦特水库的防洪标准，更有利于汛期水库的防洪调度安全。因此，本文对年最大洪峰流量实测、还原及还现序列的预报区间进行优良性评价。根据表7.3所得结果，可绘制年最大洪峰流量实测、还原及还现时间序列的累计频率曲线，如图7.17至图7.19所示。

3. 预报区间优良性评价

为了评价预报不确定性区间的优良性，本书采用3个主要指标（覆盖率、平均带宽、平均偏移幅度）来计算分析，比较修正前后年最大洪峰流量时间序列对其参数不确定性预报区间的影响[126]。修正前后年最大洪峰流量时间序列主要评价指标计算结果见表7.4。

（1）覆盖率（$CR$）：指预报区间覆盖实测流量数据的比率。它是最常用的预报区间评价指标。$CR$值越大，表示预报区间覆盖率越高。

$$CR = \frac{1}{n}\sum_{t=1}^{n} J(q_{\mathrm{obs},t}) \tag{7.10}$$

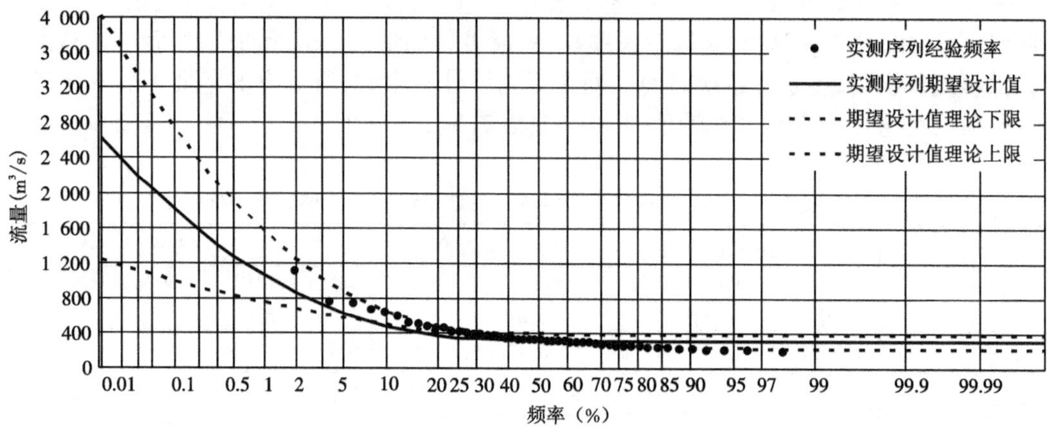


图 7.17 年最大洪峰流量实测序列累计频率曲线

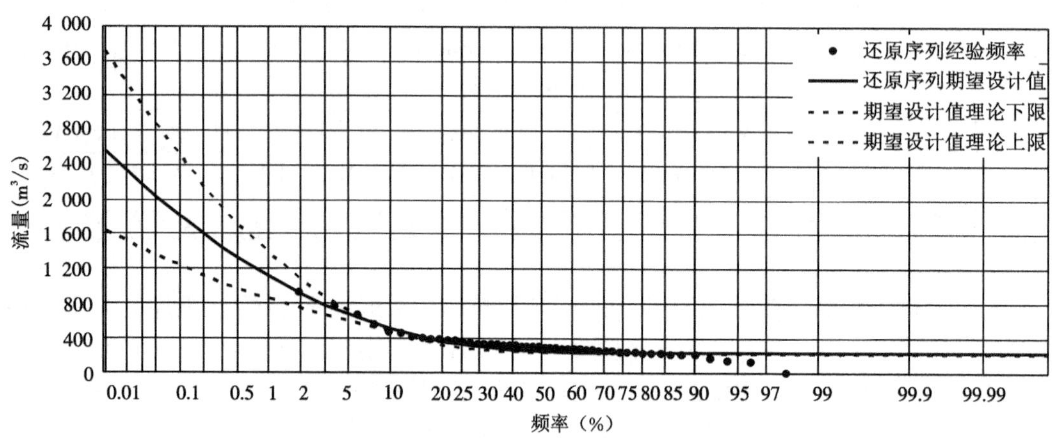


图 7.18 年最大洪峰流量还原序列累计频率曲线

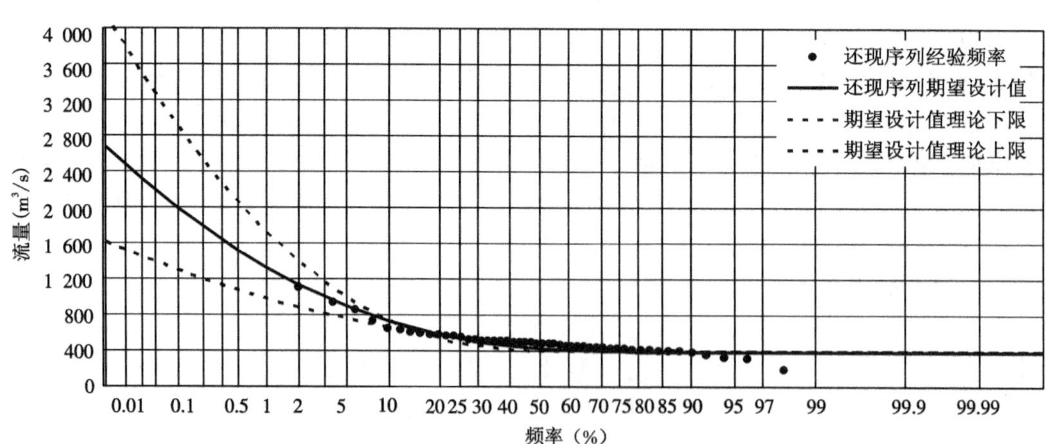


图 7.19 年最大洪峰流量还现序列累计频率曲线

式中：$J(q_{\text{obs},t}) = \begin{cases} 1, q_{\text{l},t} < q_{\text{obs},t} < q_{\text{u},t}, \\ 0,\text{其他}; \end{cases}$，$q_{\text{obs},t}$为 $t$ 时刻实测洪峰流量，$q_{\text{l},t}$、$q_{\text{u},t}$分别为 $t$ 时刻预报区间的下界、上界；$n$ 为实测序列长度。

（2）平均带宽（$B$）：指预报区间理论上下限的平均宽度。对于指定的置信水平，在保证有较高的覆盖率前提下，$B$ 越窄越好。

$$B = \frac{1}{n}\sum_{t=1}^{n} (q_{\text{u},t} - q_{\text{l},t}) \tag{7.11}$$

（3）平均偏移幅度（$D$）：是衡量预报区间的中心线偏离实测流量过程线的程度的指标。$D$ 越小，表示预报区间的对称性越好。

$$D = \frac{1}{n}\sum_{t=1}^{n} \left| \frac{1}{2}(q_{\text{u},t} + q_{\text{l},t}) - q_{\text{obs},t} \right| \tag{7.12}$$

**表 7.4　年最大洪峰流量序列修正前后的评价指标**

| 评价指标 | 覆盖率 $CR$(%) | 平均带宽 $B$($m^3$/s) | 平均偏移幅度 $D$($m^3$/s) |
|---|---|---|---|
| 实测序列 | 58 | 578.49 | 48.29 |
| 还原序列 | 62 | 349.46 | 34.55 |
| 还现序列 | 62 | 444.47 | 42.79 |

由表 7.4 可知，年最大洪峰流量还原、还现序列的预报区间的覆盖率比实测序列要高，达到了 62%，其覆盖率均提高了 4%。没有覆盖到的流量主要为中小流量，对设计洪峰流量影响比较大的流量基本都覆盖，因此能满足年最大洪峰流量的设计要求。年最大洪峰流量还原、还现序列预报区间的平均带宽与平均偏移幅度都比实测序列小，还原、还现序列预报区间的平均带宽分别减少了 39.59%、23.17%，平均偏移幅度分别减少了 28.45%、11.39%。年最大洪峰流量实测、还原及还现序列的标准差分别为 170.35、149.39、127.78，三者的相差比较小，不会影响到对预报区间的优良性评价。综上分析，对环境变化影响下的非一致性融雪洪水特征时间序列进行还原/还现分析计算，可以减小其参数估计不确定性对计算产生的影响。

## 7.3　水库极限防洪风险复核分析

水库在调度运行过程中，必然会与洪水遭遇，随着洪水持续时间的变化，水库面临的风险也会随之变化。不同时间、不同地点发生的洪水，其运动规律也不尽相同，但是这些洪水之间又互相联系、互相影响，其带来的风险也具有一定的联系。这些存在的客观规律提供了水库防洪调度风险计算的可能。水库的汛期限制水位所控制的风险与水库的效益之间是对立的、矛盾的，为了发挥水库最大的综合效益，并确保水库的安全，需要对水库的极限防洪风险率进行分析计算。本文通过频率分析法，对过去条件、现状条件两种情况下的水库极限防洪风险率分别进行分析计算，其成果可为肯斯瓦特水库实施汛期限制水位动态控制，充分利用洪水资源以及提高水库综合效益等方面提供科学依据。

### 7.3.1 极限防洪风险率

1. 定义

在确保水库大坝及下游防洪保护对象安全的前提下，水库调度运行中，选取一个极限风险控制指标 $Z_d$（校核洪水位、设计洪水位或坝顶高程等特征水位），将汛期限制水位 $Z_0$ 作为调洪演算的起始水位，以不同频率设计洪水过程线的不同时段设计洪水作为入库流量，进行调洪演算，当某一频率洪水的调洪最高水位 $Z_m$ 等于或高于极限防洪风险指标 $Z_d$ 时，则此频率称为该指标 $Z_d$ 在汛限水位 $Z_0$ 下的水库极限防洪风险率 $P_f$[127]，可通过下式计算：

$$P_f = P(Z_m \geqslant Z_d) \tag{7.13}$$

2. 极限防洪风险率计算方法

近年来，许多国内外学者对这方面的问题做了大量的研究，提出了一些计算极限防洪风险的方法，主要有频率分析法（重现期法）、随机微分方程法、随机模拟法（MC 法）。本文选择频率分析法对肯斯瓦特水库的过去条件、现状条件两种情况下不同频率的设计洪水值分别进行水库极限防洪风险率计算。

频率分析法是发展最早、最简单的一种方法。该方法假定水库年调洪最高水位与年最大洪水出现的频率相同，以年调洪最高水位等于或高于不破坏水利工程极限指标水位的洪水频率作为水库极限风险率。具体的计算步骤为：首先指定一个水库极限防洪风险控制指标 $Z_d$，计算出不同设计频率 $P_i(i=1,2,\cdots,l)$ 下入库设计洪水过程；然后根据起调水位 $Z_0$，并结合水库防洪调度规则进行调洪演算，通过不断的试算，计算出 $l$ 个最高库水位 $Z_{mi}(i=1,2,\cdots,l)$，最后建立 $Z_{mi}-P_i$ 经验频率曲线，并依据此频率曲线可由 $Z_d$ 值反查出水库极限防洪风险率 $P_f(Z_m \geqslant Z_d)$。

### 7.3.2 肯斯瓦特水库调洪演算

玛纳斯河肯斯瓦特水库防洪标准为 500 年一遇洪水设计，5 000 年一遇洪水校核，校核洪水位为 993.35 m，坝顶高程为 996.6 m。校核洪水位是水库在非正常运用情况下，临时允许达到的最高洪水位。若水库的水位超过校核洪水位时，则认为此水位威胁到了水库安全，所以本文选取肯斯瓦特水库校核洪水位（$Z_d$ = 993.35 m）作为极限防洪风险的控制指标，汛限水位（$Z_0$ = 984 m）为起调水位。此时，肯斯瓦特水库的极限防洪风险即为其校核防洪风险。

1. 水库调洪计算原理及方法

1）水库调洪计算原理

洪水行进到水库以后，形成洪水波，其流态属于明渠非恒定流，满足圣维南方程组：

$$\left.\begin{aligned} &\frac{\partial \omega}{\partial t}+\frac{\partial Q}{\partial s}=0 \\ &-\frac{\partial Z}{\partial s}=\frac{1}{g}\frac{\partial v}{\partial t}+\frac{v}{g}\frac{\partial v}{\partial s}+\frac{Q^2}{K^2} \end{aligned}\right\} \tag{7.14}$$

式中：$\omega$ 为过水断面面积（$m^2$）；$t$ 为时间（s）；$Q$ 为流量（$m^3/s$）；$Z$ 为水位（m）；$s$ 为沿水流方

向的距离(m);$v$ 为断面平均流速(m/s);$g$ 为重力加速度(m/s$^2$);$K$ 为流量模数(m$^3$/s)。

式(7.14)中第一个方程为连续性方程,通常采用瞬态法来求其近似解。若忽略库区回水水面比降对蓄水容积的影响,则根据水平面的情况用静库容近似考虑水库的蓄水容积,可得到水库调洪计算的水量平衡方程式:

$$\frac{1}{2}(Q_1+Q_2)\Delta t-\frac{1}{2}(q_1+q_2)\Delta t=V_2-V_1 \tag{7.15}$$

式中:$Q_1$、$Q_2$ 分别为时段始、末的入库流量(m$^3$/s);$q_1$、$q_2$ 分别为时段始、末的出库流量(m$^3$/s);$\Delta t$ 为计算时段;$V_1$、$V_2$ 分别为时段始、末的水库蓄水量(m)。

式(7.14)中第二个方程为运动方程,通常采用水库的蓄泄方程(或蓄泄曲线)来表示。当泄洪建筑物的形式、尺寸一定时,泄流能力 $q$ 取决于泄洪建筑物的水头 $H$,则可得泄流能力 $q$ 与库水位 $Z$ 的关系曲线 $q=f(Z)$,根据水库容积特性 $V=f(Z)$,可得泄流能力与蓄水容积 $V$ 的关系,即

$$q=f(V) \tag{7.16}$$

根据起调水位、入库洪水过程及调洪规则,联立式(7.15)和式(7.16),可求得水库的水位变化过程和下泄流量过程。

2)水库调洪计算方法

水库调洪计算常用的方法有试算法和图解法。图解法适用于人工操作,但试算法的精度比图解法更能满足实际要求。本文采用试算法对肯斯瓦特水库进行调洪计算,具体的操作步骤如下。

(1)假定时段末的下泄流量为 $q_2$,代入式(7.15),可求得待定的时段末水库蓄水量为 $V_2$。

(2)根据求得的 $V_2$,在曲线 $q=f(V)$ 上可查得对应的下泄流量 $q$。

(3) 假设允许误差为 $\varepsilon$,若 $|q_2-q|\leqslant\varepsilon$,则满足精度要求,停止该时段计算,下泄流量 $q_2$ 及水库蓄水量 $V_2$ 为计算所得结果。否则,重新假定 $q_2=(q_2+q)/2$,返回步骤(1)进行下一时段的试算,直到结果满足精度要求为止。

2. 水库调洪概况

肯斯瓦特水库水位-面积-库容关系曲线由兵团设计院采用实测横断面图和地形图(1∶1 000),根据水位、过水面积、纵坡、糙率等条件用比降法公式计算给出,并以肯斯瓦特水文站水位-流量关系曲线和 1999 年调查的最高洪水位复核。

1)水位-库容-泄量关系

水位-库容-泄量关系见表 7.5。

**表 7.5　肯斯瓦特水库水位-库容-泄量关系**

| 水位(m) | 泄量(m$^3$/s) | 库容(亿 m$^3$) | 水位(m) | 泄量(m$^3$/s) | 库容(亿 m$^3$) |
|---|---|---|---|---|---|
| 980 | 477.3 | 1.347 4 | 984 | 812.7 | 1.497 2 |
| 981 | 527.4 | 1.384 8 | 985 | 952.7 | 1.534 6 |
| 982 | 585.5 | 1.422 3 | 986 | 1 028.6 | 1.575 6 |
| 983 | 691.6 | 1.459 7 | 987 | 1 107.5 | 1.616 6 |

续表

| 水位(m) | 泄量($m^3$/s) | 库容(亿 $m^3$) | 水位(m) | 泄量($m^3$/s) | 库容(亿 $m^3$) |
|---|---|---|---|---|---|
| 988 | 1 277.3 | 1.657 6 | 995 | 2 847.9 | 1.953 5 |
| 989 | 1 452.1 | 1.698 6 | 996 | 2 930.9 | 2.000 0 |
| 990 | 1 651.8 | 1.739 6 | 997 | 3 013.9 | 2.046 6 |
| 991 | 1 849.5 | 1.782 4 | 998 | 3 096.9 | 2.093 1 |
| 992 | 2 081.2 | 1.825 1 | 999 | 3 179.9 | 2.139 7 |
| 993 | 2 510.8 | 1.867 9 | 1 000 | 3 262.9 | 2.186 2 |
| 994 | 2 681.9 | 1.910 7 | | | |

2)防洪保护对象及标准

防洪保护对象及标准见表7.6。

**表7.6　水库下游防洪保护对象及标准**

| 防洪保护对象名称 | 防洪保护对象的规模 | 工程(等)级别 | 防洪标准 |
|---|---|---|---|
| 清水河子乡、汉卡子滩乡草场、耕地 | 人口<20万人,耕地<30万亩 | Ⅳ等 | 10年一遇 |
| 十户窑风景区 | 三等风景区 | Ⅲ等 | 10年一遇 |
| 一级水电站 | 装机容量5.0万kW | Ⅳ等 | 50年一遇 |
| 二级水电站 | 装机容量1.28万kW | Ⅳ等 | 50年一遇 |
| 三级水电站 | 装机容量2.625万kW | Ⅳ等 | 50年一遇 |
| 四级水电站 | 装机容量0.9万kW | Ⅴ等 | 30年一遇 |
| 五级水电站 | 装机容量0.9万kW | Ⅴ等 | 30年一遇 |
| 红山电厂生活区 | 人口<20万人 | Ⅳ等 | 10年一遇 |
| 东岸大渠 | 设计流量85 $m^3$/s | Ⅲ等 | 30年一遇 |
| 玛纳斯火电厂 | 装机容量120万kW | Ⅱ等 | 50年一遇 |
| 八师151团和沙湾县东湾乡草场、耕地 | 人口<20万人,耕地<30万亩 | | 10年一遇 |
| 石河子市 | 人口将达到38.92万人 | 中等城市,Ⅲ等 | 50年一遇 |
| 西调渠 | 设计流量23 $m^3$/s | Ⅳ等 | 10年一遇 |
| 石河子南热电厂 | 装机容量25万kW | Ⅳ等 | 50年一遇 |
| 天业化工城 | 年产120万t聚氯乙烯及配套工程 | 大型国有企业 | 50年一遇 |

3)水库调洪规则

肯斯瓦特水利枢纽建成之后,总库容1.88亿 $m^3$,防洪库容3 560万 $m^3$,调洪库容3 846万 $m^3$,通过水库滞洪、削峰调节,可以有效地提高下游河道的防洪标准。洪水调节采用防洪库容与兴利库容部分结合的方式,根据肯斯瓦特水文站的洪水特性以及考虑到水库在汛期结束后能够蓄满的要求,由于汛期7、8月来水很大,对于水库而言,很容易满蓄,在不影响水库满蓄率的情况下,汛期限制水位为984 m,低于正常蓄水位(990 m)6 m,起调水位与汛期限制水位一致。通过河道过流能力分析,结合防洪工程的总体布局,从防洪要求的角度出发,考虑以水库水位结合下游泄量500 $m^3/s$ 为控制条件进行调洪演算。其调洪原则如下。

(1)当入库洪水小于50年一遇标准时,水库水位低于防洪高水位992.66 m,控制水库的洪水下泄,最大下泄洪水为500 $m^3/s$。

(2)当入库洪水大于50年一遇标准时,水库运行按照水库水位分时段控制。

①当入库洪水小于下游安全泄量500 $m^3/s$ 时,利用泄洪建筑物控制,来多少泄多少,维持水库汛限水位984 m不变。

②当水库水位低于防洪高水位992.66 m时,随着入库洪水流量增大,当入库洪水大于下游安全泄量500 $m^3/s$ 时,利用泄洪建筑物控制,下泄量不超过下游安全泄量500 $m^3/s$。

③当水库水位超过防洪高水位992.66 m时,根据入库洪水流量是否大于泄洪建筑物下泄能力判断泄洪策略,若入库洪水流量小于泄洪建筑物下泄能力,则控制泄量,按入库洪水流量下泄,维持防洪高水位;若入库洪水流量继续增加,超过泄洪建筑物下泄能力,根据泄洪建筑物的泄流能力自由下泄。

④退水段水位逐渐下降至汛限水位后,若入库洪水流量小于泄洪建筑物泄流能力,则控制泄量,维持汛限水位不变;若入库洪水流量大于泄洪建筑物泄流能力,则根据泄洪建筑物的泄流能力自由下泄。

3. 水库调洪成果

以1996年为典型年,将过去条件、现状条件两种情况下的不同频率设计洪水过程分别作为入库洪水过程,根据水库水位-库容-泄量关系曲线,并结合肯斯瓦特水库的调洪规则,经过调洪演算,分别得到两种设计洪水情况下的调洪成果。表7.7和表7.8分别为过去条件和现状条件两种情况下设计洪水的调洪成果;图7.20和图7.21分别为过去条件和现状条件两种情况下5 000年一遇、2 000年一遇、1 000年一遇、500年一遇、200年一遇及50年一遇设计洪水过程调洪演算得到的库水位变化过程和下泄流量过程。

**表7.7 过去条件下水库调洪成果**

| 项目 | 重现期(年) | | | | | | |
|---|---|---|---|---|---|---|---|
| | 5 000 | 2 000 | 1 000 | 500 | 200 | 100 | 50 |
| 最高库水位(m) | 995.48 | 993.66 | 992.83 | 992.71 | 992.68 | 992.62 | 992.50 |
| 相应库容($\times10^8 m^3$) | 1.975 6 | 1.896 3 | 1.860 6 | 1.855 4 | 1.853 3 | 1.850 6 | 1.845 4 |
| 最大泄量($m^3/s$) | 2 887.36 | 2 624.28 | 2 437.44 | 2 377.96 | 2 305.43 | 2 293.07 | 2 269.56 |

**表7.8 现状条件下水库调洪成果**

| 项目 | 重现期(年) | | | | | | |
|---|---|---|---|---|---|---|---|
| | 5 000 | 2 000 | 1 000 | 500 | 200 | 100 | 50 |
| 最高库水位(m) | 997.51 | 995.05 | 993.65 | 992.78 | 992.69 | 992.64 | 992.58 |
| 相应库容($\times10^8 m^3$) | 2.070 4 | 1.955 9 | 1.895 7 | 1.858 5 | 1.854 6 | 1.850 6 | 1.847 9 |
| 最大泄量($m^3/s$) | 3 056.30 | 2 852.25 | 2 621.92 | 2 416.52 | 2 366.38 | 2 297.55 | 2 285.54 |

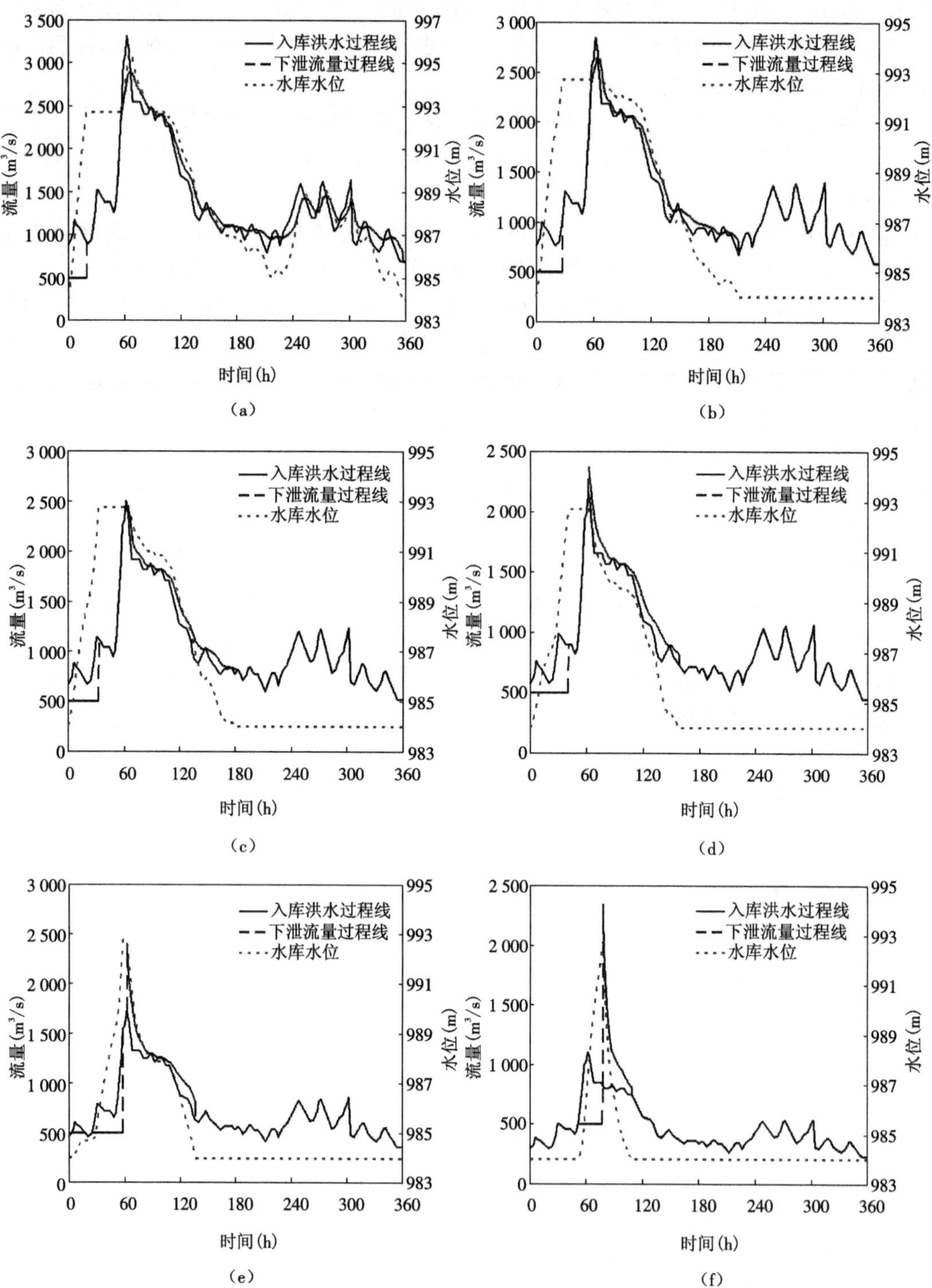


**图 7.20 过去条件下不同重现期对应的库水位变化过程和下泄流量过程线**

(a)5 000 年一遇洪水 (b)2 000 年一遇洪水 (c)1 000 年一遇洪水 (d)500 年一遇洪水 (e)200 年一遇洪水 (f)50 年一遇洪水

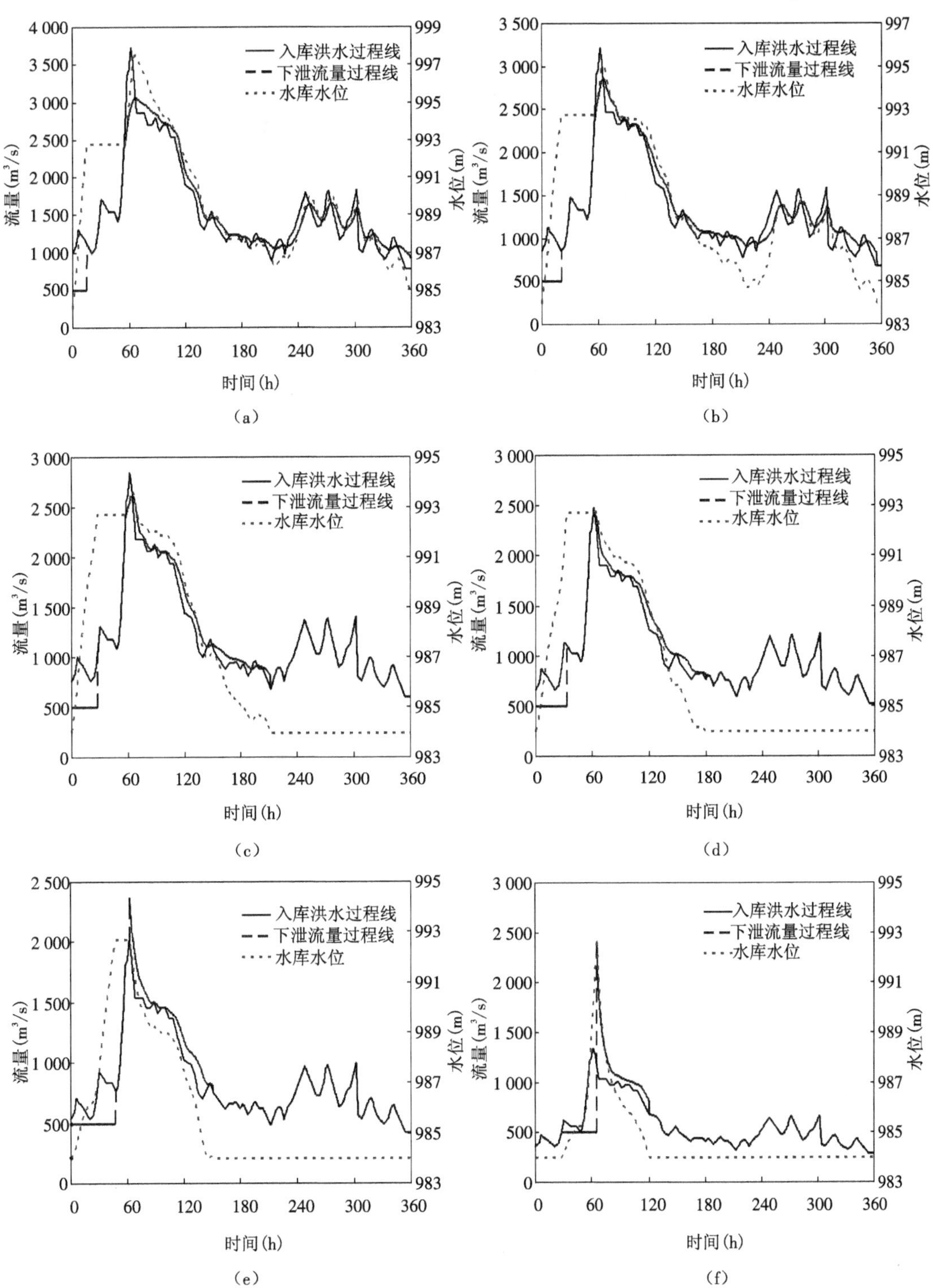


**图7.21　现状条件下不同重现期对应的库水位变化过程和下泄流量过程线**

(a)5 000 年一遇洪水　(b)2 000 年一遇洪水(c)1 000 年一遇洪水　(d)500 年一遇洪水

(e)200 年一遇洪水　(f)50 年一遇洪水

### 7.3.3 肯斯瓦特水库极限防洪风险率分析

根据上节的调洪演算结果可知，过去和现状两种情况下不同设计频率所对应的汛期最高库水位，见表7.9。

表7.9 不同设计频率对应的最高库水位

| 项目 | 设计频率(%) | | | | | | |
|---|---|---|---|---|---|---|---|
| | 0.02 | 0.05 | 0.1 | 0.2 | 0.5 | 1 | 2 |
| 过去条件下最高库水位(m) | 995.48 | 993.66 | 992.83 | 992.71 | 992.68 | 992.62 | 992.50 |
| 现状条件下最高库水位(m) | 997.51 | 995.05 | 993.65 | 992.78 | 992.69 | 992.64 | 992.58 |

根据表7.9不同设计频率所对应的汛期最高库水位，分别建立过去、现状两种情况下的最高库水位与设计频率之间的相关关系图，即 $Z_{mi}-P_i$ 经验频率曲线如图7.22所示，并依据此频率曲线可由 $Z_d$ 值反查出水库极限防洪风险率 $P_f(Z_m \geqslant Z_d)$。

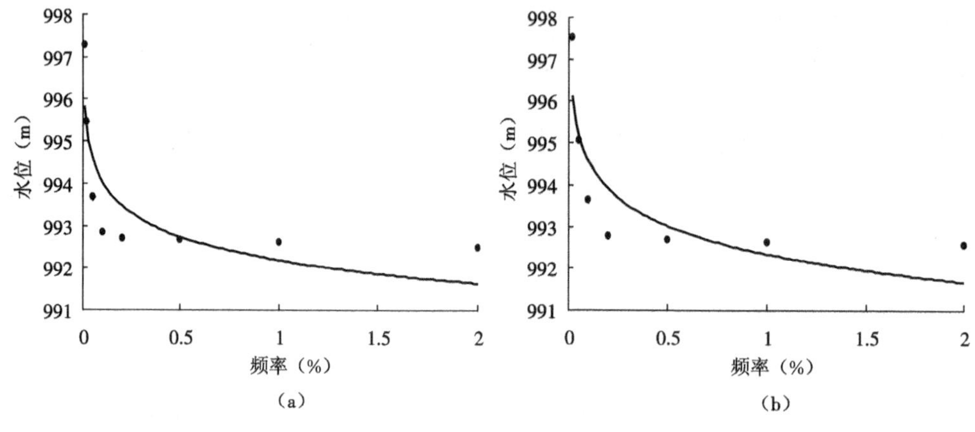


图7.22 $Z_{mi}-P_i$ 频率曲线

(a)过去条件 (b)现状条件

由表7.9可知，过去条件下肯斯瓦特水库0.02%设计频率所对应的最高库水位 $Z_m$ = 995.48 m，根据水库校核洪水位 $Z_d$ = 993.35 m，由图7.22(a)可查得水库极限防洪风险率 $P_f(Z_m \geqslant Z_d) = 0.231\ 23\% > 0.02\%$；而现状条件下肯斯瓦特水库0.02%设计频率所对应的最高库水位 $Z_m$ = 997.51 m，其水库极限防洪风险率 $P_f(Z_m \geqslant Z_d) = 0.354\ 58\% > 0.02\%$。这说明肯斯瓦特水库控制流域气温、降雨量以及融雪洪水径流量的变化，导致水库极限防洪风险在过去、现状条件下均有所增大，而现状条件下水库极限防洪风险相对于过去条件来说也有所增大。其主要原因在于虽然肯斯瓦特水库控制流域人类活动干预较少，流域降雨量呈减少的趋势，但是流域气温呈显著下降趋势，温度升高引起以冰雪融水为基础的融雪洪水径流的季节性变化，改变了流域降水、融雪洪水径流的时空分布和原有产汇流过程，使融雪洪水径流过程产生变化，造成融雪洪水特征时间序列的变异，使得肯斯瓦特水库控制流域年最大洪峰流量时间序列呈增加的趋势。根据肯斯瓦特水库调洪演算结果，由表7.7和表7.8可知，水库在遭遇5 000年一遇设计洪水(0.02%)时，过去条件和现状条件下的最大泄量分别为 2 887.36 $m^3/s$、3 056.30 $m^3/s$，两种情况下最大泄量均略大于校核洪水位时最大泄量设计值(2 596 $m^3/s$)，这也为肯斯瓦特水库实施动态汛限水位控制，充分利用汛期洪水资源及提高水库综合效益提供了客观条件。

## 7.4　水库漫坝模糊风险分析

水库漫坝失事是由入库洪水、风浪、泄洪、库容、调度运行、施工质量等诸多不确定性因素造成的。环境变化导致融雪洪水时间序列的变异，使得极端水文事件发生的频率增大，水库漫坝失事的风险也随之增大。水库漫坝失事风险没有明显的界限，而是一个由量变到质变的风险渐变过程，本文引入一个直角梯形模糊数来描述水库漫坝风险渐变的过程，即模糊区间。并在此基础上构建水库漫坝模糊风险分析模型，评估水库漫坝风险率，可为有效利用汛期洪水资源、提高水库防洪效益、保障下游防护区的安全提供科学依据。

### 7.4.1　水库漫坝模糊风险分析模型

水库漫坝失事存在一个过渡的模糊区域，为了使风险分析计算结果更加符合客观实际，引入一个模糊数，构建水库漫坝模糊风险分析数学模型[128]，即

$$P = P(Z > H_c + \varepsilon) = \int_Z^{\infty} f(Z)\,\mathrm{d}Z \tag{7.17}$$

式中：$P$ 为水库漫坝模糊风险率；$Z$ 为水库坝前水位；$H_c$ 为水库坝顶高程；$\varepsilon$ 为一个直角梯形模糊数，其表征水库漫坝由安全到风险的渐变过程；$f(Z)$ 为变量 $Z$ 的概率密度函数；$H_c+\varepsilon$ 为水库漫坝事件发生的模糊区域，即风险指标。

### 7.4.2　水库漫坝模糊风险区间识别

根据肯斯瓦特水库的设计洪水位、校核洪水位、坝顶高程等基本情况确定水库漫坝风险指标的最小值 $H_1$、最概然区间$[H_2,H_3]$、最大值 $H_4$，且 $H_1<H_2<H_3=H_4$，结合直角梯形模糊数隶属度[129-130](图 7.23)，构建水库漫坝风险指标的直角梯形模糊数 $A=H_c+\varepsilon=(H_1,H_2,H_3,H_4)$，引入水平截集 $\alpha$，且 $\alpha\in[0,1]$，将模糊集合转化为经典集合，可得水库漫坝风险指标置信区间[129]：

$$A_\alpha = [H_\alpha^-, H_\alpha^+] = [(H_2 - H_1)\alpha + H_1, (H_3 - H_4)\alpha + H_4] \tag{7.18}$$

式中：$A_\alpha$ 为直角梯形模糊数 $A$ 的 $\alpha$ 水平截集；$H_\alpha^-$、$H_\alpha^+$ 分别为 $\alpha$ 水平截集的下限、上限，即坝前水位区间的下限、上限。

将式(7.18)代入式(7.17)，得

$$P_\alpha = P(Z > A_\alpha) \tag{7.19}$$

即

$$P_\alpha^- = P(Z > H_\alpha^-) \tag{7.20}$$

$$P_\alpha^+ = P(Z > H_\alpha^+) \tag{7.21}$$

式中：$P_\alpha$ 为水库漫坝模糊风险率区间；$P_\alpha^-$、$P_\alpha^+$ 分别为水库漫坝模糊风险率区间的下限、上

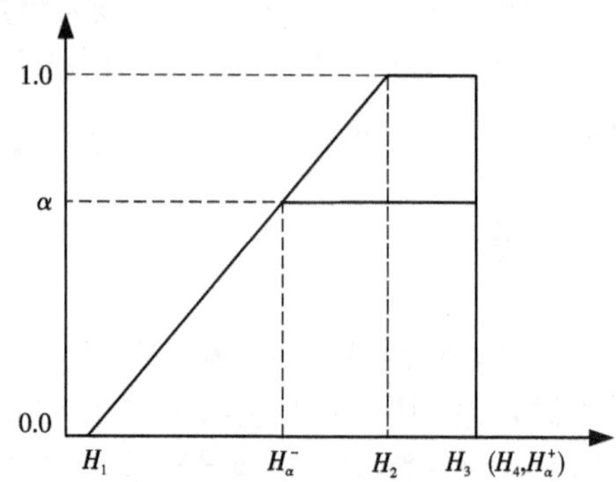


**图 7.23　直角梯形模糊数隶属度**

限。由此可得,水库漫坝模糊风险为

$$P = \bigcup_{\alpha \in [0,1]} [P_\alpha^-, P_\alpha^+] \tag{7.22}$$

## 7.4.3　水库漫坝模糊风险定量估计

根据不同的截集水平 $\alpha$,通过式(7.18)确定水库漫坝风险指标区间;统计多年融雪洪水特征时间序列的统计参数 $\bar{x}$、$C_v$、$C_s$,结合融雪洪水分布类型,采用蒙特卡洛方法模拟生成样本容量为 $N$ 的随机融雪洪水特征序列;以典型融雪洪水过程为基础,通过倍比缩放法得到相应容量为 $N$ 的融雪洪水过程样本。将每组融雪洪水过程作为入库融雪洪水过程,根据水库调度运行方式,进行 $N$ 次独立重复模拟仿真试验,得到水库坝前调洪最高水位。并统计在 $N$ 次模拟仿真试验中水库坝前调洪最高水位超过给定截集水平 $\alpha$ 所对应的水库漫坝风险识别指标区间$[H_\alpha^-, H_\alpha^+]$下限、上限的次数。由此可得到相应水库调洪最高水位超过水库漫坝风险识别指标区间下限、上限的频率区间[129]为

$$_\alpha f_N = [_\alpha f_N^-, {}_\alpha f_N^+] = \left[\sum_{i=1}^{N} X_i^- / N \times 100\%, \sum_{i=1}^{N} X_i^+ / N \times 100\%\right] \tag{7.23}$$

式中:$_\alpha f_N$ 为调洪最高水位超过风险识别指标区间的频率区间;$_\alpha f_N^-$、$_\alpha f_N^+$ 分别为$_\alpha f_N$ 的下限、上限;$X_i^-$、$X_i^+$ 分别为对应于 $H_\alpha^-$、$H_\alpha^+$ 的第 $i$ 次试验发生失效事件的次数(取 0 或 1);$N$ 为试验次数。由大数定律可知,当 $N$ 充分大时,$_\alpha f_N$ 收敛于 $P_\alpha$,从而可得 $P_\alpha = {}_\alpha f_N$。因此,$P_\alpha = [P_\alpha^-, P_\alpha^+] = [_\alpha f_N^-, {}_\alpha f_N^+]$。

利用蒙特卡洛方法对水库漫坝模糊风险分析模型进行 $N$ 次抽样试验,每次抽样试验为独立重复试验,统计发生失效事件的次数属于独立同分布,对 $X_i^-$、$X_i^+$ 有 $E(X_i^-) = P_\alpha^-$,$D(X_i^-) = P_\alpha^-(1-P_\alpha^-) > 0$ 及 $E(X_i^+) = P_\alpha^+$,$D(X_i^+) = P_\alpha^-(1-P_\alpha^+) > 0$,满足同分布中心极限定理的条件,故可采用中心极限定理法估计计算结果的误差,其步骤[129,131]如下:首先确定试验次数 $N$ 和置信度 $\beta$,根据 $\Phi(U) = (\beta+1)/2$,查 $N(0,1)$表,得到 $U$ 值;然后将调洪最高水位超过风险指标区间的频率区间$_\alpha f_N$,作为水库漫坝模糊风险率区间估计值 $P_\alpha$,即 $P_\alpha = {}_\alpha f_N$;最后将 $N$、$U$、$P_\alpha$ 代入 $\varepsilon = U\sqrt{P_\alpha(1-P_\alpha)/N}$,可得水库漫坝模糊风险率区间所对应的误差范围 $\varepsilon$。

### 7.4.4　肯斯瓦特水库漫坝模糊风险率评估

根据玛纳斯河肯斯瓦特水库基本概况：坝顶高程 996.60 m，防浪墙顶高程 997.80 m，校核洪水位 993.35 m，设计洪水位 992.66 m。水库坝顶高程与校核洪水位相差 3.25 m，校核洪水位与设计洪水位相差 0.69 m，综合考虑水库防洪安全和水库坝前最高水位的限制，取低于水库坝顶高程 0.69 m 为水库漫坝风险指标区间的下限，即 995.91 m；取防浪墙顶高程为水库漫坝风险指标区间的上限，即 997.80 m；水库漫坝风险指标最可能的区间为[996.60 m,997.80 m]。构建水库漫坝风险指标的直角梯形模糊数为(995.91 m,996.6 m,997.8 m,997.8 m)，引入水平截集 $\alpha$，且 $\alpha \in [0,1]$，通过式(7.18)将模糊集合转化为经典集合，可得水库漫坝风险指标区间；结合不同截集水平下风险指标区间，进行 $N = 10\ 000$ 次模拟仿真试验，根据式(7.23)可得水库漫坝模糊风险区间 $P$；根据误差置信度 $\beta = 0.95$，查 $N(0,1)$ 表，得 $U = 1.96$，通过计算可得水库漫坝模糊风险率区间所对应的误差范围 $\varepsilon$，见表 7.10。

**表 7.10　肯斯瓦特水库漫坝模糊风险区间及误差范围**

| 截集水平 $\alpha$ | 风险指标区间(m) | 过去条件下漫坝风险评估 | | 现状条件下漫坝风险评估 | |
|---|---|---|---|---|---|
| | | 风险率区间($\times 10^{-4}$) | 误差范围($\times 10^{-4}$) | 风险率区间($\times 10^{-4}$) | 误差范围($\times 10^{-4}$) |
| 0.0 | [995.91, 997.80] | [3.00, 0.00] | [3.39, 0.00] | [4.00, 1.00] | [3.92, 1.96] |
| 0.1 | [995.98, 997.80] | [3.00, 0.00] | [3.39, 0.00] | [3.00, 1.00] | [3.39, 1.96] |
| 0.2 | [996.05, 997.80] | [3.00, 0.00] | [3.39, 0.00] | [3.00, 1.00] | [3.39, 1.96] |
| 0.3 | [996.12, 997.80] | [3.00, 0.00] | [3.39, 0.00] | [3.00, 1.00] | [3.39, 1.96] |
| 0.4 | [996.19, 997.80] | [3.00, 0.00] | [3.39, 0.00] | [2.00, 1.00] | [2.77, 1.96] |
| 0.5 | [996.26, 997.80] | [3.00, 0.00] | [3.39, 0.00] | [2.00, 1.00] | [2.77, 1.96] |
| 0.6 | [996.32, 997.80] | [3.00, 0.00] | [3.39, 0.00] | [2.00, 1.00] | [2.77, 1.96] |
| 0.7 | [996.39, 997.80] | [2.00, 0.00] | [2.27, 0.00] | [2.00, 1.00] | [2.77, 1.96] |
| 0.8 | [996.46, 997.80] | [2.00, 0.00] | [2.27, 0.00] | [2.00, 1.00] | [2.77, 1.96] |
| 0.9 | [996.53, 997.80] | [2.00, 0.00] | [2.27, 0.00] | [2.00, 1.00] | [2.77, 1.96] |
| 1.0 | [996.60, 997.80] | [1.00, 0.00] | [1.96, 0.00] | [2.00, 1.00] | [2.77, 1.96] |

从表 7.10 可知，当截集水平 $\alpha = 0.0$ 时，其所对应的过去、现状两种条件下的风险指标模糊区间、风险率区间和绝对误差范围均最大；随着截集水平 $\alpha$ 的逐渐增大，水库漫坝风险指标模糊区间的范围在逐渐减小，表明数据的模糊性在逐渐的减弱，提高了风险指标模糊区间内数据的可信度水平；当截集水平 $\alpha = 1.0$ 时，其所对应的区间分别表示过去、现状两种条件下风险指标、风险率和绝对误差的相对最概然区间。而采用传统的方法进行水库漫坝风险分析，风险指标的最概然区间为一个点值，这与实际发生水库漫坝风险的边界条件不相符。在过去条件下，不同截集水平 $\alpha$ 所对应的水库漫坝风险率区间上限估计值均较现状条件下的估计值要小，说明现状条件下融雪洪水受流域气温显著上升的影响增大了肯斯瓦特水库漫坝失事的风险。因此，利用直角梯形模糊数能够描述出肯斯瓦特水库漫坝风险由开始到加剧致灾的一个渐变过程，这比传统的风险率确定值更加符合水库漫坝的客观实

际,可为保障水库安全运行和洪水资源安全利用提供科学参考依据。

## 7.5 本章小结

本章以肯斯瓦特水库年最大洪峰流量时间序列为基础数据,采用“分解-合成”理论对其进行一致性修正,得到过去、现状两种条件下的年最大洪峰流量时间序列,根据贝叶斯理论对一致性修正前后分布参数的不确定性进行估计,将这两种条件下的设计洪水过程当作水库入库融雪洪水过程,进行水库调洪演算,并通过频率分析法和模糊风险分析法,对过去、现状两种条件下的水库极限防洪风险率和水库漫坝模糊风险率进行分析计算,其结论如下。

(1)采用“分解-合成”理论对跳跃变异的年最大洪峰流量时间序列进行了一致性修正,得到还原、还现洪峰流量时间序列。对其采用优化适线法分别进行P-Ⅲ型分布频率计算,将得到的相应设计频率下的还原、还现年最大洪峰流量设计值分别与防洪规划设计值对比分析,过去条件下设计洪水值均减小,减小的变化量在增大,而现状条件下设计洪水值均增大,并且增大的变化量也在增大。

(2)采用Gibbs-MCMC算法对实测、还原及还现年最大洪峰流量序列的P-Ⅲ型分布参数的不确定性进行估计,得到相应统计参数均值、变差系数的均值及95%置信区间,将后验分布估计值与优化适线法相结合进行P-Ⅲ型频率曲线分析计算,得到不同设计频率年最大洪峰流量实测、还原及还现序列的期望设计值以及95%置信区间估计值,并选取3个主要指标(覆盖率、平均带宽、平均偏移度)对其预报区间的优良性进行了评价,结果表明通过对非一致性年最大洪峰流量序列的还原/还现计算,可减小参数估计不确定性对其计算产生的影响,从而提高预报区间的可靠性。

(3)采用频率分析法,以校核洪水位作为水库极限防洪风险控制指标,分别对过去条件下和现状条件下的肯斯瓦特水库极限防洪风险率进行分析计算。结果表明,肯斯瓦特水库极限防洪风险在过去、现状条件下均有所增大,而现状条件下水库极限防洪风险相对于过去条件来说也有所增大。其结果可为肯斯瓦特水库实施动态汛限水位控制,充分利用汛期洪水资源及提高水库的防洪效益提供科学的理论指导。

(4)基于直角梯形模糊数构建水库漫坝模糊风险分析数学模型,对过去、现状两种条件下的肯斯瓦特水库漫坝模糊风险指标区间进行识别,并对不同截集水平$\alpha$所对应的模糊风险率区间和绝对误差范围下限、上限值进行估计。结果表明,现状条件下融雪洪水受流域气温显著上升的影响增大了肯斯瓦特水库漫坝失事的风险。利用直角梯形模糊数描述肯斯瓦特水库漫坝风险比传统的风险率确定值更加符合客观实际,其结果可为保障水库安全运行和洪水资源安全利用提供科学参考依据。

# 第8章 结论与展望

## 8.1 结论

玛纳斯河流域属于干旱半干旱区内陆河流域，是全球气候变化影响下最敏感地区，其主要水源来自山区降水和冰雪融水。在气候变化和人类活动综合作用影响下，融雪洪水径流的时空分布发生改变，造成融雪洪水特征序列的非一致性，若采用传统的方法进行洪水频率分析计算，其结果将会给玛纳斯河防洪安全及水资源利用带来很大的风险。本文以玛纳斯河肯斯瓦特控制流域为研究区域，以水文气象资料和肯斯瓦特水库入库融雪洪水特征序列为基础数据，对其进行变异诊断，并结合气候变化特征和人类活动导致的土地利用类型变化，进行非一致性成因分析，并对气候影响因子与融雪洪水特征序列进行相关分析。采用累积量斜率变化率比较法，计算流域降水量增加、蒸发量增加以及人类活动对融雪洪水径流量增加的贡献率，定量分析环境变化对融雪洪水径流过程的影响程度。基于GAMLSS理论构建传统的一致性模型以及基于时间为协变量和基于气候因子为协变量的两种非一致性时变矩模型，选取五种两参数概率分布函数作为备选分布函数，对融雪洪水特征序列进行分析计算，分析环境变化下融雪洪水值动态变化对设计洪水的影响。基于融雪洪水特征序列变异诊断结果，对考虑跳跃变异的混合分布模型和条件概率分布模型进行比较分析，利用混合分布模型和条件概率分布模型计算非一致性融雪洪水设计值，并与2008年审定的设计洪水值及不考虑跳跃变异的传统P-Ⅲ型分布拟合得到的融雪洪水设计值进行比较，采用同频率缩放法缩放典型融雪洪水过程，分析环境变化对设计洪水的影响。基于年最大洪峰流量时间序列变异诊断结果，采用“分解－合成”理论对其进行一致性修正，得到过去、现状两种条件下年最大洪峰流量时间序列，根据贝叶斯理论对一致性修正前后分布参数的不确定性进行估计，将这两种条件下得到的设计洪水过程视作水库入库融雪洪水过程，进行水库调洪演算，通过频率分析法，对过去、现状两种条件下的水库极限防洪风险率进行复核分析，并采用水库漫坝模糊风险分析数学模型，对过去、现状两种条件下的水库漫坝模糊风险指标区间进行识别，并对不同截集水平$\alpha$所对应的模糊风险率区间和绝对误差范围下限、上限值进行估计，分析环境变化对水库防洪风险不确定性的影响。本文主要结论概括如下。

(1)肯斯瓦特控制流域年均气温总的变化趋势是升高的，春、夏、秋、冬四季平均气温总的变化趋势也是升高的。年降水量总的变化呈下降减少的趋势，春、夏、秋三季的降水量均呈下降减少的变化趋势，而冬季降水量则呈上升增加的变化趋势。年均气温、年蒸发量以及年径流量序列的变异点最可能发生的年份分别为1979年、1996年和1993年，而年降水量序列没出现变异点。年均气温和年蒸发量序列呈显著上升趋势，而年降水量和年径流量序列的变化趋势不显著；年均气温、年蒸发量和年径流量子序列的趋势性均不显著，水文要素序列的非一致性主要以跳跃变异的形式表现出来。流域20年间的各土地利用类型变化不大，人类活动对流域下垫面变化造成的影响较小，在1990年前后，流域内的下垫面变化不大，导致年径流发生变异的主要原因为气候变化，且最可能变异点 1993 年是合理可靠的。

(2)年最大洪峰流量序列和年最大洪量序列最可能发生变异的年份均为 1993 年。融雪洪水特征序列整体变化趋势均不显著；在 1957—1993 年，年最大洪峰流量和年最大 1 日洪量的两个子序列均呈显著下降趋势，而其他融雪洪水子序列变化趋势均不显著。融雪洪水特征序列的非一致性主要是以跳跃变异的形式表现出来，结合物理成因分析，气候变化是导致融雪洪水特征序列发生变异的主要原因，最可能的变异点 1993 年是合理可靠的。气温序列变异点发生在 1979 年，1 日、7 日、15 日及 30 日前期影响雨量序列均无变异点，而 3 日、5 日前期影响雨量序列变异点均发生在 1971 年。气温序列上升趋势显著，1 日、3 日、5 日、7 日、15 日及 30 日前期影响雨量序列变化趋势均不显著；在 1972—2006 年，3 日、5 日前期影响雨量子序列上升趋势均显著，其他协变量子序列变化趋势均不显著。融雪洪水协变量序列的非一致性也主要是以跳跃变异的形式表现出来的。选择相关性最强的气温序列、1 日及 3 日前期影响雨量序列作为融雪洪水特征序列的影响因子。

(3)肯斯瓦特控制流域融雪洪水径流量、降雨量和蒸发量呈一致性的增加趋势。融雪洪水径流主要通过冰雪融水和降雨补给，其突变年份为 1995 年，以人类活动影响小的 1955—1995 年为基准期，利用累积量斜率变化率比较法得出，1996—2010 年降雨量、蒸发量和人类活动对融雪洪水径流量增加的贡献率分别为 59.64%、31.83% 和 8.53%，表明气候变化对该流域融雪洪水径流量的影响大于人类活动对融雪洪水径流量的影响。

(4)基于 GAMLSS 理论构建一致性模型，依据 GAIC 判别准则，Log Normal 分布为最优拟合分布，但模型拟合残差 Filliben 系数没通过显著性检验，从残差分布矩、拟合残差 worm 图及拟合 QQ 图也可看出，模型残差不满足服从正态分布的要求，说明融雪洪水特征序列发生了变异，不符合一致性假设，融雪洪水序列存在非一致性。在以时间为协变量的 GAMLSS 非一致性模型中，依据 GAIC 判别准则，Log Normal 分布为最优拟合分布，模型拟合残差 Filliben 系数通过了显著性检验，从残差分布矩、拟合残差 worm 图及拟合 QQ 图可以直观地看出，模型的标准残差较好地服从正态分布。从模型的分位数灰度图可发现，融雪洪水特征序列随着时间的推移呈上升的变化趋势。在人类活动干预较少的情况下，以气候因子为协变量的 GAMLSS 非一致性模型主要考虑了气候变化的影响，其物理成因机制与客观实际情况相符。年最大洪峰流量序列和年最大 7 日、15 及日 30 日洪量序列 Log Normal 分布的 *AIC* 值最小，为最佳拟合分布，而最大 1 日、3 日洪量序列 Gamma 分布为最优拟合。模型的标准残差分布矩、Filliben 相关系数、worm 图以及 QQ 图均符合正态分布总体要求，其分位数灰度图较好地描述了融雪洪水特征序列在环境变化影响下的动态变化过程，而气候变化是造成动态变化过程的主要原因。本文给出了 2008 年水利部规划总院审定的肯斯瓦特水库设计洪水成果，将其与以气候因子为协变量的 GAMLSS 非一致性模型得到的 98%、95%、90% 分位数的动态变化范围进行对比，设计洪水值是一个固定值，用它来衡量环境变化影响下的融雪洪水值，在枯水年会显得偏于保守，而在丰水年特别是大洪水出现的年份则可能存在一定的风险。

(5)将考虑跳跃变异的条件概率分布模型与混合分布模型进行比较，在采用模拟退火算法时，混合分布模型要优于考虑跳跃变异的条件概率分布模型。混合分布模型采用模拟退火算法进行参数估计时，以水库邻近水文站及流域其他水文站的 $C_s/C_v$ 值的变化范围 [2.5,4.5] 为约束条件，所得结果满足实际要求。采用混合分布模型和条件概率分布模型对肯斯瓦特水库非一致性融雪洪水特征序列进行拟合,并通过拟合检验与拟合优度指标对其进行评价,结果表明,混合分布模型比条件概率分布模型拟合更优。在不同的设计标准下,混合分布模型拟合结果均比 2008 年审定的洪水设计值要小,传统 P-Ⅲ型分布拟合结果也均比 2008 年审定的洪水设计值要小,表明肯斯瓦特水库在 2008 年设计的洪水成果比现状条件下要偏于保守。而在不同的设计标准下,混合分布模型拟合结果比传统 P-Ⅲ型分布拟合结果要大,说明导致肯斯瓦特水库入库洪水有相当程度增大的主要原因为流域气候变化。采用同频率缩放法对肯斯瓦特水库 1996 年典型融雪洪水过程进行缩放,得到不同重现期情况下考虑跳跃变异的混合分布、条件概率分布以及不考虑跳跃变异的传统 P-Ⅲ型分布的设计洪水过程线。

(6)采用“分解－合成”理论对跳跃变异的年最大洪峰流量时间序列进行一致性修正,采用优化适线法进行 P-Ⅲ型分布频率计算,将得到的相应设计频率下的还原、还现年最大洪峰流量设计值分别与防洪规划设计值对比分析,过去条件下与防洪规划时相比,设计洪水均减小了,其减小的变化量在增大;现状条件下与防洪规划时相比,设计洪水均增大了,增大的变化量在增大。采用 Gibbs-MCMC 算法对实测、还原及还现年最大洪峰流量序列的 P-Ⅲ型分布参数的不确定性进行估计,得到相应统计参数均值、变差系数均值及 95% 置信区间,将后验分布估计值与优化适线法相结合进行 P-Ⅲ型频率曲线分析计算,得到不同设计频率年最大洪峰流量实测、还原及还现序列的期望设计值以及 95% 置信区间估计值,并选取覆盖率、平均带宽及平均偏移度对其预报区间的优良性进行评价,表明通过对非一致性年最大洪峰流量序列的还原/还现计算,可减小参数估计不确定性对其计算产生的影响,从而提高预报区间的可靠性。采用频率分析法,分别对过去条件下和现状条件下的水库极限防洪风险率进行复核,结果表明,水库极限防洪风险在过去、现状条件下均有所增大,而现状条件下水库极限防洪风险相对于过去条件来说也有所增大。基于直角梯形模糊数构建水库漫坝模糊风险分析数学模型,对过去、现状两种条件下的肯斯瓦特水库漫坝模糊风险指标区间进行识别,并对不同截集水平 $\alpha$ 所对应的模糊风险率区间和绝对误差范围下限、上限值进行估计。结果表明现状条件下融雪洪水受流域气温显著上升的影响增大了肯斯瓦特水库漫坝失事的风险。利用直角梯形模糊数描述肯斯瓦特水库漫坝风险比传统的风险率确定值更加符合客观实际,其结果可为水库安全运行和洪水资源安全利用提供科学参考依据。

## 8.2　展望

本文重点研究非一致性融雪洪水频率计算,分析环境变化对设计洪水及水库防洪风险不确定性的影响。对非一致性融雪洪水特征序列直接进行频率分析,目前在国内仍然研究较少,而基于协变量的非一致性融雪洪水频率分析在国内外仍处于起步阶段,理论技术不够完善,有一些问题需要进一步的研究。

(1)对于水文时间序列非一致性诊断,国内外学者做了大量的研究工作,并提出了许多非一致性诊断的方法,但诊断结果可能存在一定的差异,需要再进一步的研究,以便建立合适的诊断准则。

(2)关于非一致性洪水频率分析方法,国内研究主要集中于还原/还现途径,而对非一致性洪水极值序列直接进行频率分析的研究相对较少,有待加强。以物理因子作为解释变量的时变矩法,较好地描述了环境变化下洪水时间序列的动态变化过程,具有完善的物理成因机制。但在同一设计标准下,不同年份有不同的洪水设计值,如何将其应用于工程实践有待深入研究。目前,国内外学者对多变量非一致性洪水频率分析的研究,仍处于起步阶段,有必要加强研究。

(3)在进行非一致性水文时间序列频率分析时,针对样本抽样、线型选择及分布参数估计这三种不确定性,目前只定量评估其中的一种或两种,如何综合定量评估三种不确定性,并推求设计值的区间估计,以指导水利工程水文设计,是值得深入研究的课题。对多变量设计洪水不确定性的研究,目前主要针对两个变量,而三个或三个以上的随机变量才能更全面地描述洪水事件,因此需要对这方面进行进一步研究。

(4)对于非一致性水文频率分析,国内外学者的研究重点主要集中在单变量的情况,而在多变量水文时间序列非一致性情况下变异诊断、频率分析方法、重现期、联合设计值的推求及设计洪水不确定性等问题方面,需要进行广泛而深入的研究。

# 参 考 文 献


［1］ PACHAURI R K, REISINGER A. 气候变化2007：联合国政府间气候变化专门委员会第四次评估报告[R]. 瑞士，日内瓦：IPCC, 2007.

［2］ PIECHOTA T C, DRACUP J A. Long-range streamflow forecasting using El Niño-Southern Oscillation indicators[J]. Journal of Hydrologic Engineering, 1999, 4(2): 144-151.

［3］ 陈奕德，张韧，蒋国荣. 近年来国内 ENSO 研究概述[J]. 热带气象学报，2005, 2(6): 634-641.

［4］ 朱益民，杨修群. 太平洋年代际振荡与中国气候变率的联系[J]. 气象学报，2003, 61(6): 641-654.

［5］ OLSEN J R, STEDINGER J R, MATALAS N C, et al. Climate variability and flood frequency estimation for the Upper Mississippi and Lower Missouri Rivers[J]. Journal of the American Water Resources Association, 1999, 35(6): 1509-1524.

［6］ HAMLET A F, LETTENMAIER D P. Effects of 20th century warming and climate variability on flood risk in the western US[J]. Water Resources Research, 2007, 43(6), doi: 10.1029/2006WR005099.

［7］ KIEM A S, FRANKS S W, KUCZERA G. Multi-decadal variability of flood risk[J]. Geophysical Research Letters, 2003, 30, doi: 10.1029/2002GL015992.

［8］ FRANKS S W, KUCZERA G. Flood frequency analysis: Evidence and implications of secular climate variability, New South Wales[J]. Water Resources Research, 2002, 38, doi: 10.1029/2001WR000232.

［9］ 徐影，丁一汇，赵宗慈. 人类活动引起的我国西北地区 21 世纪温度和降水变化情景分析[J]. 冰川冻土，2003, 25(3): 327-330.

［10］ 张家宝，袁玉江. 试论新疆气候对水资源的影响[J]. 自然资源学报，2002, 17(1): 28-34.

［11］ TRENBERTH K E, DAI A, RASMUSSEN R M, et al. The changing character of precipitation[J]. Bullitein of American Meteorological Society, 2003, 84(9): 1205-1217.

［12］ 康尔泗，程国栋，董增川. 西北干旱区冰川水资源和出山径流[M]. 北京：中国水利水电出版社，2001.

［13］ BARNETT T P, ADAM J C, LETTENMAIER D P, et al. Potential impacts of a warming climate on water availability in snow-dominated regions [J]. Nature, 2005, 438: 303-309.

［14］ 施雅风，沈永平，胡汝骥. 西北气候由暖干向暖湿转型的信号、影响和前景初步探讨[J]. 冰川冻土，2002, 24(3): 219-226.

［15］ 刘昌明，刘小莽，郑红星. 气候变化对水文水资源影响问题的探讨[J]. 科学对社会的影响，2008(2): 21-27.

［16］ 刘时银，丁永建，张勇，等. 塔里木河流域冰川变化及其对水资源影响[J]. 地理学

报，2006，61(5)：482-490.

[17] 郝振纯，李丽，王加虎，等. 气候变化对地表水资源的影响[J]. 中国地质大学学报，2007，32(3)：425-432.

[18] LIU MING-LIANG, TIAN HAN-QIN, CHEN GUANG-SHENG, et al. Effects of land-use and land-cover change on evapotranspiration and water yield in China during 1900—2000 [J]. JAWRA, 2009, 44(5): 1193-1207.

[19] 任立良，张伟，李春红，等. 中国北方地区人类活动对地表水资源的影响研究[J]. 河海大学学报(自然科学版)，2001，4：13-18.

[20] QU SIMIN, BAO WEIMIN, SHI PENG, et al. Evaluation of runoff responses to land use changes and land cover changes in the upper Huaihe river basin, China[J]. Journal of Hydrological Engineering, 17(7), doi: 10.1061/(ASCE)HE. 1943-5584.0000397.

[21] 王子璐. 朱庄水库流域径流量变化特征及影响因素[J]. 南水北调与水利科技，2011，9(4):70-72.

[22] SAGHAFIAN B, FARAZJOO H, BOZORGY B, et al. Flood intensification due to changes in land use[J]. Water Resources Management, 2008, 22: 1051-1067.

[23] BRATH A, MONTANARI A, MORETTI G. Assessing the effect on flood frequency of land use change via hydrological simulation(with uncertainty)[J]. Journal of Hydrology, 2006, 324: 141-153.

[24] LI J Z, TAN S M, WEI Z Z, et al. A new method of change point detection using variable fuzzy sets under environmental change[J]. Water Resources Management, 2014, 28: 5125-5138.

[25] 万荣荣，杨桂山，李恒鹏. 流域土地利用/覆被变化的洪水响应:以太湖上游西苕溪流域为例[J]. 自然灾害学报，2008，17(3)：10-15.

[26] 舒晓娟，陈洋波，任启伟. 基于 Wetspa 模型的流域植树造林的洪水响应[J]. 人民长江，2009，40(24)：6-8.

[27] YANG W H, YU G H, LIU T. Flood Control Impact Assessment for Gas Station Construction Projects[J]. Applied Mechanics and Materials, 2012, 212: 721-724.

[28] 李道峰. 黄河河源区径流对气候和土地覆被变化的响应[D]. 北京:北京师范大学，2003.

[29] JOTHITYANGKOON C, HIRUNTEEYAKUL C, BOONRAWD K, et al. Assessing the impact of climate and land use changes on extreme floods in a large tropical catchment [J]. Journal of Hydrology, 2013, 490: 88-105.

[30] POFF N L, BLEDSOE B P, CUHACIYAN C O. Hydrologic variation with land use across the contiguous United States: Geomorphic and ecological consequences for stream ecosystems[J]. Geomorphology, 2006, 79: 264-285.

[31] WANG D, HEJAZI M. Quantifying the relative contribution of the climate and direct human impacts on mean annual streamflow in the contiguous United States[J]. Water Resources Research, 2011, 47, doi: 10. 1029/2010WR010283.

[32] 叶柏生，李翀，杨大庆，等. 我国过去50a 来降水变化趋势及其对水资源的影响(I)：

年系列[J]. 冰川冻土, 2004, 26(5): 587-594.

[33] DAHMAN, E R, HALL, M J, Screening of hydrological data. International Institute in the changing environment(ILRI), Netherlands. Publication, 1990, No.49, 58pp.

[34] 谢平, 陈广才, 李德, 等. 水文变异综合诊断方法及其应用研究[J]. 水电能源科学, 2005, 23(2): 11-14.

[35] PERREAULT L, BERNIER J, BOBBE B, et al. Bayesian Change-point Analysis in Hydrometeorological Time Series. Part I. The Normal Model Revisited[J]. Journal of Hydrology, 2000, 235: 221-241.

[36] 熊立华, 周芬, 肖义, 等. 水文时间序列变点分析的贝叶斯方法[J]. 水电能源科学, 2003,21(4): 39-41.

[37] 燕爱玲, 黄强, 刘招, 等. R/S 法的径流时序复杂特性研究[J]. 应用科学学报, 2007, 25(2): 214-217.

[38] 黄强, 赵雪花, 等. 河川径流时间序列分析预测理论与方法[M]. 郑州: 黄河水利出版社, 2008.

[39] ZHANG Q, XU C, CHEN Y D, et al. Abrupt behaviours of the streamflow of the Pearl River basin and implications for hydrological alterations across the Pearl River Delta, China[J]. Journal of Hydrology, 2009,377(3-4): 274-283.

[40] ZUO D, XU Z, YANG H, et al. Spatiotemporal variations and abrupt changes of potential evapotranspiration and its sensitivity to key meteorological variables in the Wei River basin, China[J]. Hydrological Processes, 2011, doi: 10.1002/hyp.8206.

[41] 陆中央. 关于年径流量系列的还原计算问题[J]. 水文, 2000, 20(6): 9-12.

[42] 谢平, 陈广才, 韩淑敏, 等. 从潮白河年径流频率分布变化看北京市水资源安全问题[J]. 长江流域资源与环境, 2006, 15(6): 713-717.

[43] 胡义明, 梁忠民, 王军, 等. 考虑抽样不确定性的水文设计值估计[J]. 水科学进展, 2013, 24(5): 667-674.

[44] 王国庆, 张建云, 刘九夫, 等. 气候变化和人类活动对河川径流影响的定量分析[J]. 中国水利, 2008(2): 55-58.

[45] SINGH K P, SINCLAIR R A. Two-distribution method for flood frequency analysis[J]. Journal of the Hydraulics Division, 1972, 98(1): 28-44.

[46] WAYLEN P, WOO M K. Prediction of annual floods generated by mixed processes[J]. Water Resources Research, 1982, 18(4): 1283-1286.

[47] ZENG H, FENG P, LI X. Reservoir flood routing considering the non-stationarity of flood series in north China[J]. Water Resources Management, 2014, 28(12): 4273-4287.

[48] SINGH V P, WANG S X, ZHANG L. Frequency analysis of nonidentically distributed hydrologic flood data[J]. Journal of Hydrology, 2005, 307(1): 175-195.

[49] 李新, 曾杭, 冯平. 洪水序列变异条件下的频率分析与计算[J]. 水力发电学报, 2014, 33(6): 11-19.

[50] CUNDERLIK J M, BURN D H. Non-stationary pooled flood frequency analysis[J]. Journal of Hydrology, 2003, 276: 210-223.

[51] VASILIADES L, GALIATSATOU P, LOUKAS A. Nonstationary frequency analysis of annual maximum rainfall using climate covariates[J]. Water Resources Management, 2015, 29(2): 339-358.

[52] VILLARINI G, SMITH J A, NAPOLITANO F. Nonstationary modeling of a long record of rainfall and temperature over Rome[J]. Advances in Water Resources, 2010, 33(10): 1256-1267.

[53] SERINALDI F, KILSBY C G. A modular class of multisite monthly rainfall generators for water resource management and impact studies[J]. Journal of Hydrology, 2012, 464-465: 528-540.

[54] LÓPEZ J, FRANCÉS F. Non-stationary flood frequency analysis in continental Spanish rivers, using climate and reservoir indices as external covariates[J]. Hydrology and Earth System Sciences, 2013, 17(8): 3189-3203.

[55] 江聪, 熊立华. 基于 GAMLSS 模型的宜昌站年径流序列趋势分析[J]. 地理学报, 2012, 67(11): 1505-1513.

[56] 顾西辉, 张强, 陈晓宏, 等. 气候变化与人类活动联合影响下东江流域非一致性洪水频率[J]. 热带地理, 2014, 34(6): 746-757.

[57] MEEHL G A, ARBLASTER J M, TEBALDI C. Understanding future patterns of precipitation intensity in climate model simulations[J]. Geophysical Research Letters, 2005, 32(18), doi: 10.1029/2005GL023680.

[58] MILLY P C D, WETHERALD R T, DUNNE K A, et al. Increasing risk of great floods in a changing climate[J]. Nature, 2002, 415, 514-517, doi: 10.1038/415514a.

[59] STEDINGER J R, TAYLOR M R. Synthetics stream flow generation: 2. Effect of parameter uncertainty[J]. Water Resources Research, 1982, 18(4): 919-924.

[60] FUTTER M R, MAWDLLSEY J A, METCALFE A V. Short-time flood risk prediction: a comparison of the Cox Regression Model and a Distribution Model[J]. Water Resources Research, 1991, 27(7): 1649-1656.

[61] WOOD E F, RODRIGUEZ-ITURBI I. Bayesian inference and decision making for extreme hydrologic events[J]. Water Resources Research, 1975, 11(4): 533-542.

[62] 梁忠民, 戴荣, 雷扬, 等. 基于贝叶斯理论的水文频率分析方法[J]. 水力发电学报, 2009, 28(4): 22-26.

[63] 桑艳芳, 王栋, 吴吉春. 基于贝叶斯理论的水文线型参数不确定性分析[J]. 水电能源科学, 2009, 6: 15-19.

[64] 尚晓三, 王振龙, 王栋. 基于贝叶斯理论的水文频率参数估计不确定性分析:以 P-Ⅲ型分布为例[J]. 应用基础与工程科学学报, 2011(4): 554-564.

[65] 鲁帆, 严登华. 基于广义极值分布和 Metropolis-Hastings 抽样算法的贝叶斯 MCMC 洪水频率分析方法[J]. 水利学报, 2013(8): 942-949.

[66] 姜树海. 防洪设计标准和大坝的防洪安全[J]. 水利学报, 1999, 5: 19-25.

[67] 洪云, 郑东健, 徐世元, 等. 基于实测资料的大坝安全风险管理[J]. 水电能源科学, 2004, 4: 40-42.

[68] 闫宝伟，郭生练，陈璐，等. 长江和清江洪水遭遇风险分析[J]. 水利学报，2010，41(5)：553-559.

[69] 刘艳丽，周惠成，张建云. 不确定性分析方法在水库防洪风险分析中的应用研究[J]. 水力发电学报，2010，29(6)：47-53.

[70] 李响，郭生练，刘攀，等. 考虑入库洪水不确定性的三峡水库汛限水位动态控制域研究[J]. 四川大学学报(工程科学版)，2010，42(3)：49-55.

[71] 刘招，席秋义，贾志峰，等. 水库防洪预报调度的实用风险分析方法研究[J]. 水力发电学报，2013，32(5)：35-40.

[72] 刘蕊蕊，陆宝宏，许丹，等. 石羊河流域蒸发量变化特征及影响因素分析[J]. 水文，2013，33(1)：82-89.

[73] 李鹏飞，孙小明，赵昕奕. 近 50 年中国干旱半干旱地区降水量与潜在蒸散量分析[J]. 干旱区资源与环境，2012，26(7)：57-63.

[74] 曹雯，申双和，段春锋. 中国西北潜在蒸散时空演变特征及其定量化成因[J]. 生态学报，2012，32(11)：3394-3403.

[75] KENDALL M G, GIBBONS J D. Rank Correlation Methods[M]. 5 th. London: Edward Arnold, 1981.

[76] LIBISELLER C. A program for the computation of multivariate and partial Mann-Kendall test[M]. Stockholm: University of Linkoping, 2002.

[77] 成鹏. 乌鲁木齐地区近50a降水特征分析[J]. 干旱区地理，2010，33(4)：580-587.

[78] PETTITT A N. A non-parametric approach to the change-point problem[J]. Applied Statistics, 1979, 28(2): 126-135.

[79] VILLARINI G, SERINALDI F, SMITH J A, et al. On the stationarity of annual flood peaks in the continental United States during the 20th century[J]. Water Resources Research, 2009, 45, W08417, doi: 10.1029/2008WR007654.

[80] MANN H B. Non-parametric test against trend[J]. Econometic, 1945, 13(3): 245-259.

[81] KENDALL M G. Rank correlation methods[M]. London: Charles Griffin, 1975.

[82] 陈睿智，桑燕芳，王中根，等. 1956—2010 年甬江流域降水变化特性分析[J]. 地理科学进展，2012，31(9)：1149-1156.

[83] 张建云，章四龙，王金星，等. 近 50 年来中国六大流域年径流变化趋势研究[J]. 水科学进展，2007，18(2)：230-240.

[84] BURN D H, HAG ELNUR M A. Detection of hydrologic trends and variability[J]. Journal of Hydrology, 2002, 255(1-4): 107-122.

[85] COLLINS M J. Evidence for changing flood risk in New England since the late 20th century[J]. JAWRA Journal of the American Water Resources Association, 2009, 45(2): 279-290.

[86] FIRTSCH C E. Evaluation of flood risk in response to climate variability[D]. Houghton, Civil and Environmental Engineering, Michigan Technological University, 2012.

[87] 章诞武，丛振涛，倪广恒. 基于中国气象资料的趋势检验方法对比分析[J]. 水科学

进展, 2013, 24(4): 490-496.
[88] 谢平, 陈广才, 夏军. 变化环境下非一致性年径流序列的水文频率计算原理[J]. 武汉大学学报(工学版), 2005, 38(6): 6-9.
[89] 李树德. 再论水资源问题[J]. 北京大学学报(自然科学版), 2000, 36(6): 799-823.
[90] 邓伟, 翟金良, 闫敏华. 水空间管理与水资源的可持续性[J]. 地理科学, 2003, 23(4): 385-390.
[91] 李子君, 李秀彬. 近45年来降水变化和人类活动对潮河流域年径流量的影响[J]. 地理科学, 2008, 28(6): 809-813.
[92] 王钧, 蒙吉军. 黑河流域近60年来径流量变化及影响因素[J]. 地理科学, 2008, 28(1): 83-88.
[93] 朱恒峰, 赵文武, 康慕谊, 等. 水土保持地区人类活动对汛期径流影响的估算[J]. 水科学进展, 2008, 19(3): 400-406.
[94] 徐素宁, 杨景春, 李有利. 近50a来玛纳斯河流量变化对气候变化的响应[J]. 地理与地理信息科学, 2004, 20(6): 65-68.
[95] 唐湘玲, 龙海丽, 邢永建. 玛纳斯河流域降水与径流变化及其人类活动的影响[J]. 新疆师范大学学报, 2005, 24(3): 145-148.
[96] 王薇, 陈伏龙, 何新林. 玛纳斯河肯斯瓦特以上流域近55年降水量变化特性分析[J]. 干旱区资源与环境, 2013, 27(5): 163-168.
[97] 王维霞, 王秀君, 姜逢清, 等. 近30a来开都河上游径流量变化的气候响应[J]. 干旱区研究, 2013, 30(4): 743-748.
[98] 王刚, 严登华, 黄站峰, 等. 滦河流域径流的长期演变规律及其驱动因子[J]. 干旱区研究, 2011, 28(6): 998-1004.
[99] RAN L S, WANG S J, FAN X L. Channel change at Toudaoguai station and its responses to the operation of upstream reservoirs in the upper Yellow River[J]. Journal of Geographical Sciences, 2010, 20(2): 231-247.
[100] 王随继, 李玲, 颜明. 气候和人类活动对黄河中游区间产流量变化的贡献率[J]. 地理研究, 2013, 32(3): 395-402.
[101] WANG SUIJI, YAN MING, YAN YUN, et al. Contributions of climate change and human activities to the changes in runoff increment in different sections of the Yellow River[J]. Quaternary International, 2012(282): 66-67.
[102] 王随继, 闫云霞, 颜明, 等. 黄甫川流域降水和人类活动对径流量变化的贡献率分析[J]. 地理学报, 2012, 67(3): 388-396.
[103] 凌红波, 徐海量, 张青青, 等. 新疆玛纳斯河年径流时序特征分析[J]. 中国沙漠, 2011, 31(6): 1639-1646.
[104] RIGBY R A, STASINOPOULOS D M. Generalized additive models for location, scale and shape[J]. Journal of the Royal Statistical Society: Series C (Applied Statistics), 2005, 54(3): 507-554.
[105] STASINOPOULOS D M, RIGBY R A. Generalized additive models for location, scale

and shape (GAMLSS) in R[J]. Journal of Statistical Software, 2007, 23(7): 1-46.

[106] BOUTSELIS P, RINGROSE T J. GAMLSS and networks in combat simulation metamodelling: A case study[J]. Expert Systems with Applications, 2013, 40: 6087-6093.

[107] LUO J W, CHEN L N, LIU H. Distribution characteristics of stock market liquidity [J]. Physica A: Statistical Mechanics and its Applications, 2013, 382: 6004-6014.

[108] WAHL S, FENSKE N, ZEILINGER S, et al. On the potential of models for location and scale for genome-wide DNA methylation data[J]. BMC Bioinformatics, 2014, 15: 1471-2105.

[109] FILLIBEN J J. The probability plot correlation coefficient test for normality[J]. Technometrics, 1975, 17(1): 111-117.

[110] SINGH K P, SINCLAIR R A. Two-distribution method for flood frequency analysis[J]. Journal of the Hydraulics Division,1972, 98(1): 28-44.

[111] SINGH K P. A versatile flood frequency methodology[J]. Water International,1987,12(3): 139-145.

[112] ROSSI F, FIORENTINO M, VERSACE P. Two-component extreme value distribution for flood frequency analysis[J]. Water Resources Research,1984, 20(7): 847-856.

[113] FIORENTINO M, ARORA K, SINGH V. The two-component extreme value distribution for flood frequency analysis: Derivation of a new estimation method[J]. Stochastic Hydrology and Hydraulics,1987, 1(3): 199-208.

[114] 成静清，宋松柏.基于混合分布非一致性年径流序列频率参数的计算[J].西北农林科技大学学报(自然科学版)，2010，38(2)：229-234.

[115] 梁忠民，胡义明，王军. 非一致性水文频率分析的研究进展[J]. 水科学进展，2011，22(6)：864-871.

[116] 韩小雷.粒子群—模拟退火融合算法及其在函数优化中的应用[D]. 武汉：武汉理工大学，2008.

[117] SINGH V P, WANG S X, ZHANG L. Frequency analysis of nonidentically distributed hydrologic flood data[J]. Journal of Hydrology, 2005, 307(1-4): 175-195.

[118] 宋松柏，李扬，蔡明科. 具有跳跃变异的非一致分布水文序列频率计算方法[J]. 水利学报，2012，43(6)：734-739，748.

[119] 李新，曾杭，冯平. 洪水序列变异条件下的频率分析与计算[J]. 水力发电学报，2014，33(6)：11-19.

[120] 冯平，曾杭，李新. 混合分布在非一致性洪水频率分析的应用[J].天津大学学报(自然科学与工程技术版)，2013，46(4)：298-303.

[121] LILLIEFORS H W. On the Kolmogorov-Smirnov test for normality with mean and variance unknown[J]. Journal of the American Statistical Association, 1967, 62(318): 399-402.

[122] 冯平，牛军宜，张永，等. 南水北调西线工程水源区河流与黄河的丰枯遭遇分析[J]. 水利学报，2010，41(8)：900-907.

[123] 丁晶，邓育仁. 随机水文学[M]. 成都：成都科技大学出版社，1988.

[124] 鲍振鑫，刘九夫，张建云．年最大洪峰流量的P-Ⅲ型分布拟蒙特卡罗随机模拟研究[J]．水文，2009，29(6)：33-36.

[125] ROMY R，ALEXANDRA M．A joint model for rainfall-runoff：the case of Rio Grande Basin[J]．Journal of Hydrology，2008：189-200.

[126] XIONG L H，WAN M，WEI X J，et al．Indices for assessing the prediction bounds of hydrological models and application by generalized likelihood uncertainty estimation[J]．Hydrological Science Journal，2009，54(5)：852-871.

[127] 高波，王银堂，胡四一．水库汛限水位调整与运用[J]．水科学进展，2005，16(3)：326-333.

[128] 莫崇勋．水库土石坝工程洪水分期调度关键技术及应用[M]．北京：科学出版社，2014.

[129] 张锐，张双虎，王本德，等．考虑上游溃坝洪水的水库漫坝失事模糊风险分析[J]．水利学报，2016，47(4)：509-517.

[130] 李如忠，童芳，周爱佳，等．基于梯形模糊数的地表灰尘重金属污染健康风险评价模型[J]．环境科学学报，2011，31(8)：1790-1798.

[131] 钟登华，黄伟，安娜．基于Monte-Carlo方法的施工截流风险率估计方法研究[J]．水利学报，2006，37(10)：1212-1216.